JN296958

尾崎　敏範　著

事例で探す
ステンレス鋼選び

丸善出版

まえがき

　ステンレス鋼は家庭用品から原子力発電機器まで、さまざまな分野で使用されており、ステンレス鋼が存在しない世界など想像できないまでに幅広くかつ深く浸透している。

　しかし、一方で流し台が錆びた、原子力炉内構造物が応力腐食割れした、などと世間を騒がせてもいる。これらのさまざまな現象について一般の人々は、必ずしも正確な事実認識に基づかず、感覚的に判断して大騒したり、過剰なまでに反応することも少なくないようである。

　本書は、細かな学術情報は他に譲り、「ステンレス鋼とは何か？」を端的に答えることを目指し、初学者が正しい技術を習得できるよう平易な表現に努めた。他面、現場技術者にとっても、機器設計、品証・検査、技術営業活動などに直接役立つよう、可能な限り具体的なデータや関連ノウハウを収集・記述した。

学術書に見られる単調な記述スタイルを避け、読者が興味を持ちながらステンレス鋼の各種性質が理解できるように構成した。まずステイン博士とレス助手というキャラクターを登場させ、ステンレス鋼に生じるさまざまな損傷事例について、彼らの行動や表情から、ステンレス鋼の意外な性格を読み取っていただき、ついで損傷原因と損傷シナリオを説明し、最後に損傷対策を探るスタイルとした。

　なお、ステンレス鋼に関するより正確な知識が必要な場合は、各章末の参考文献や巻末に挙げた参考図書を参照していただきたい。

2004年1月

著　者

本書は、2004年2月に工業調査会より出版された同名書籍を再出版したものです。

目　次

まえがき ……………………………………………………………… 1

第1章　ステンレス鋼とは

① 化学組成
不動態皮膜とは ………………………………………… 10
ステンレス鋼の化学組成 ……………………………… 13
ステンレス鋼中の合金元素 …………………………… 16
ステンレス鋼のJIS名称 ……………………………… 19

② 金属組成
ステンレス鋼の種類 …………………………………… 21
オーステナイト系ステンレス鋼の性質 ……………… 25
フェライト系ステンレス鋼の性質 …………………… 28
マルテンサイト系ステンレス鋼の性質 ……………… 31
2相ステンレス鋼の性質 ……………………………… 34

③ ステンレス鋼の用途
ステンレス鋼の化学的な性質 ………………………… 37

ステンレス鋼の一般的な機械的性質 ……… 39

第2章 ステンレス鋼の物理的、機械的性質

① 物理的な性質
ステンレス鋼の電気的性質 ……… 44
ステンレス鋼の熱伝導性（1） ……… 46
ステンレス鋼の熱伝導性（2） ……… 48
ステンレス鋼の磁性 ……… 50

② 機械的な性質
ステンレス鋼を熱処理すると ……… 52
ステンレス鋼の延性、プレス加工性 ……… 55
ステンレス鋼の深絞り性 ……… 58

③ 溶接法
ステンレス鋼の一般的溶接性 ……… 60
オーステナイト系ステンレス鋼の溶接 ……… 62
オーステナイト系ステンレス鋼の溶接割れ ……… 64
SUS347安定化オーステナイト系ステンレス鋼の溶接割れ ……… 66
フェライト系ステンレス鋼の溶接割れ ……… 68
マルテンサイト系ステンレス鋼の溶接割れ ……… 70

ステンレス鋼の異材溶接割れ ………………………… 72

④ 加工法
めっきステンレス鋼、表面処理ステンレス鋼 …… 74
ステンレス鋼板の表面仕上げ法 ………………… 76
ステンレス鋼の鋳造性と鋳造欠陥 ……………………… 79
ステンレス鋼の鋳造性と浸炭現象 ……………………… 81
ステンレス鋼の切削加工 ………………………………… 83
難切削ステンレス鋼の切削加工 ………………………… 86

第3章 ステンレス鋼の化学的性質

① 一般的な腐食性
ステンレス鋼の腐食変色 ………………………………… 90
ステンレス鋼の大気変色 ………………………………… 93
ステンレス鋼の全面腐食性 ……………………………… 95
異種金属接触腐食 ………………………………………… 99

② 局部腐食
海水中におけるステンレス鋼の耐孔食性 ………… 103
調理鍋としてのステンレス鋼の耐孔食性 ………… 106
ステンレス鋼の天敵はフジツボ ……………………… 108
ステンレス鋼の隙間腐食 ……………………………… 111

ステンレス鋼の粒界腐食 ……………………………… 114
　　　ステンレス鋼溶着金属の優先腐食 …………………… 118

　③ **腐食割れ**
　　　ステンレス鋼の応力腐食割れ ………………………… 120
　　　オーステナイト系ステンレス鋼の応力腐食割れ …… 123
　　　オーステナイト系ステンレス鋼の外面応力腐食割れ … 127
　　　マルテンサイト系ステンレス鋼の応力腐食割れ …… 129
　　　ステンレス鋼の水素脆化割れ ………………………… 132

　④ **その他の損傷**
　　　ステンレス鋼のエロージョン損傷 …………………… 135
　　　腐食疲労 ………………………………………………… 139
　　　ステンレス鋼の抗菌性 ………………………………… 143

第4章　ステンレス鋼の具体的な使用例

　① **身近な製品**
　　　ステンレス鋼製調理鍋 ………………………………… 148
　　　ステンレス鋼製貯水槽 ………………………………… 151
　　　食品中におけるステンレス鋼の耐食性 ……………… 154
　　　建築用ステンレス鋼製ビス …………………………… 156
　　　生体埋込み材（インプラント材） …………………… 159

② 工業製品

- ステンレス鋼製制振鋼板 …… 161
- ステンレス鋼クラッド部品 …… 163
- ステンレス鋼薄肉部品 …… 165
- 内面精密仕上げパイプ …… 167
- 潤滑膜付きステンレス鋼板 …… 169
- ステンレス鋼繊維材、ハニカム材 …… 170
- ステンレス鋼製ボールベアリング …… 172
- プレート熱交換器 …… 173

③ 特殊な製品

- 特殊用途ステンレス鋼 …… 175
- ステンレス鋼フレーク、焼結ステンレス鋼 …… 181
- ステンレス鋼のレーザー加工 …… 183

さらに深く学びたい方のための参考書 …… 186
あとがき …… 187
索　引 …… 188

カバー・本文イラスト　薬師寺　明日香

第1章
ステンレス鋼とは

サビ サビッ　　　　レス助手　　ステイン博士

① 化学組成

不動態皮膜とは

　図1.1(a)は、SUS304鋼製ピンの外観写真である。製品の最終加工面をバフ研磨（布、その他の材料で作られた研磨輪（バフ）に研磨剤をつけて製品を磨く工程のこと）して出荷したので、(b)に見られるように表面に多数の孔食が発生した。

　この損傷原因は、ステンレス鋼表面に存在すると言われるきわめて薄い不動態皮膜が表面研磨により除去され、錆びやすくなったためではな

(a) SUS304鋼製ピン外観

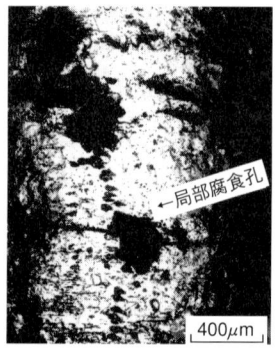
(b) の表面

図1.1　SUS304鋼製ピンの腐食形態

いかと推定された。

　しかし、この推測は間違いである。ステンレス鋼の不動態皮膜について以下が知られている。「ステンレス鋼表面に形成される不動態皮膜は、厚さが3nm（0.003μm）程度の含水Cr酸化物である[1]。柔軟性に富み、すばやい自己修復作用（Self healing作用、数十分の1秒以下で皮膜が修復）を有す理想的な表面皮膜である」[1]。

　つまり、表面研磨で不動態皮膜が一瞬間除去されても、数十分の1秒後には修復されているため、表面研磨が腐食損傷原因になることはない。

　ただし、不動態皮膜は含水Cr酸化物であるから、環境条件として水および酸素（溶存酸素、酸化性成分）が、材料条件として高濃度のCr（母材に対し13wt％以上のCr）が必要である。それらが十分存在しない環境条件下（隙間内部など）や材料条件下では不動態皮膜が形成されにくく、その地点が腐食しやすくなる。

　一方、アルミサッシや塗装鋼では、化成処理皮膜や塗膜を一度傷付け

　ると、下地が露出しその地点から腐食が始まるが、ステンレス鋼はその点全く問題がない。
　以上より、ステンレス鋼は表面研磨により、不動態皮膜が除去されることはない。ただし、激しい研磨によって著しく発熱したり、下地金属が変質（後述する加工誘起マルテンサイト相や鋭敏化組織が生成）した場合は、下地金属自身の耐食性が多少変化することもある。

第1章　ステンレス鋼とは

① **化学組成**

ステンレス鋼の化学組成

　ボルトナットを購入した。「ステンレス鋼を」と言って注文したのに、磁石につくものが入荷した。これって間違い？

　磁石につく、つかないでステンレス鋼か否かを単純に判断することはできない。そこで、「ステンレス鋼とは何か」について、化学組成を中心に解説する。

　ステンレス鋼（Stainless Steel）の語源は、錆がより少ない鋼と言われ、決して錆びない材料を指すものではない。金でも銀でも腐食環境が厳しければ錆びるのは自然の摂理である。なお、JIS規格のSUSは、Steel

Use Stainlessの頭文字に由来している。

ここで、ステンレス鋼の歴史は以下が知られている[2]。

① 1920年代に13～18wt%Cr含有マルテンサイト鋼が発明された。その後、この材料にNiを添加したオーステナイト系（18wt%Cr-8wt%Ni）鋼が開発された。

② 1940年代に入り析出硬化型ステンレス鋼や二相系ステンレス鋼（フェライト相＋オーステナイト相の混合組織）が開発された。

③ 1970～80年代にはN添加鋼（耐孔食性改善）、極低C鋼（被加工性や耐粒界腐食性の改善）などが開発され、さまざまな合金組成、金属組織の最適化や用途に合わせた改良がなされ現在に至っている。

極低C鋼にすると、引張強度は低下するが延性が改善される。17Crフェライト鋼の場合、0.2%C、0.1%Cおよび0.05%Cにおいて伸びがそれぞれ19%、25%および34%と増大する。その結果、ステンレス鋼の工業的用途が飛躍的に拡大した[3]。

ステンレス鋼の耐食性を改善する合金元素としては以下が知られている[4]。

① 不動態皮膜を強化し局部腐食を抑制する元素：Cr、Ni、Si、Wなど
② 酸溶液中における腐食速度を減少させる元素：Cr、Ni、Mo、V、Ti、Nbなど

図1.2はステンレス鋼として最も重要な元素であるCr含有量と耐食性の関係の例である[5]。Cr含有を増すことで不動態皮膜が強化され、水蒸気中および高温純水中における腐食速度が著しく減少している。

つぎに、18%Cr鋼にNiを8%以上添加すると、金属組織がオーステナ

第1章 ステンレス鋼とは

① 化学組成

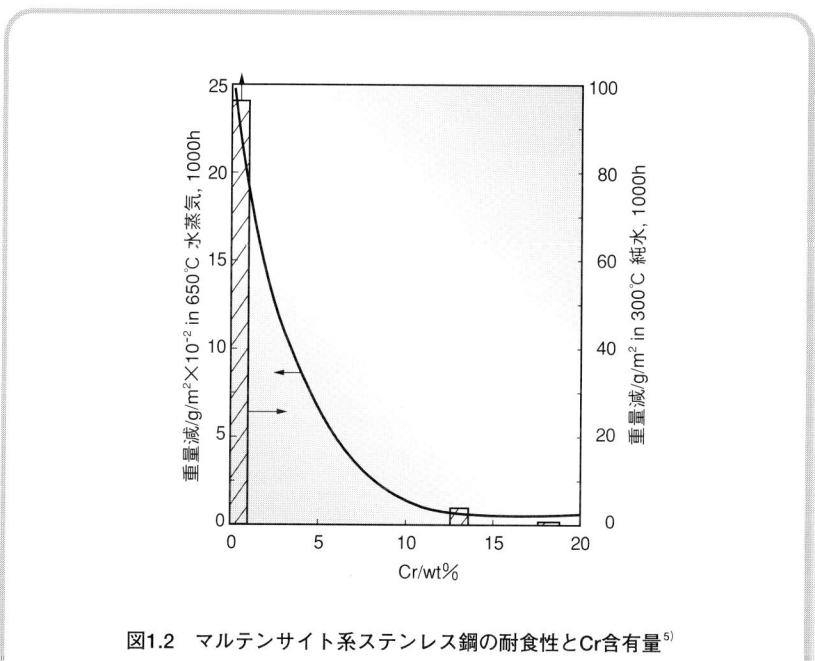

図1.2　マルテンサイト系ステンレス鋼の耐食性とCr含有量[5]

イト組織（面心立方格子、磁性なし）となり、フェライト組織（体心立方格子、磁性あり）よりもさらに延性と耐食性が向上し、好都合である[6]。このように、ステンレス鋼は合金元素、金属組織の良いとこ取りをした材料でもある。

　以上より、磁性の有無でステンレス鋼か否かは判断できない。

ステンレス鋼中の合金元素

　図1.3はステンレス鋼製軸材の外観である。短期間の使用にも関わらず、著しく全面的に減肉している。どうしたのだろう？
　設計者はステンレス鋼であれば、炭素鋼のように腐食することがないと考えていた。

　ステンレス鋼にはおよそ200種類の鋼種が存在し、合金元素含有量や金属組織によって、機械的性質、耐食性などさまざまな性質を示すこと

図1.3　SUS403製軸材の全面腐食損傷

① 化学組成

が知られている。

　上記の損傷はそれらの知見を十分に確認しなかったために生じたものと思われる。こうした失敗は、ステンレス鋼種とその性質を正確に理解し、適宜選択すれば防ぐことができたはずである。

　そこで、ステンレス鋼における合金元素の主な役割を**表1.1**にまとめて示す[6]。ここでは、耐食性および機械的性質についてその影響程度を「大きく改善する」から「悪化させる」まで◎、○、△、×の4段階に分類して示す。表より、以下のことが明らかである。

① 耐食性を改善する元素はCr、Ni、Mo、Nb、Tiなどであり、C、Sは耐食性を悪化させる。

② 機械的性質（引張強度）を改善する元素はCr、Ni、Mo、Nb、TiおよびCなどである。ただし、Cの増大は延性を低下させる。

表1.1 ステンレス鋼における合金元素の役割

元素	耐食性		機械的性質	
C	粒界腐食感受性が増大	×	強度が増大、延性を低下	○&×
Si	顕著に影響しない	△	顕著に影響しない	△
Mn	顕著に影響しない	△	強度が増大	△
P	耐食性を多少低下	△	顕著に影響しない	△
S	耐孔食性、耐腐食疲労性が低下	×	腐食疲労強度を低下	×
Cr	耐食性、耐孔食性、耐酸化性が増大	◎	強度が増大	◎
Ni	全面腐食性が改善	○	延性、靭性が改善	○
Mo	耐孔食性が増大, Crの3倍増大	◎	強度が増大	○
Nb,Ti	粒界腐食感受性を減少、耐熱性を改善,		溶接性を改善	○
Cu	耐食性・耐酸化を改善	○	加工性を改善、溶接性が低下	○&×
Al	耐食性を改善	○	———	△

◎：大きく改善する、○：改善する、　△：ほとんど影響しない、×：悪化させる

③ したがって、引張強度を重視する場合には高C-高Cr鋼を選択し、耐食性および延性を重視する場合には低C-高Cr鋼を選択する必要がある。

上記の軸材の腐食損傷を防止するには、基本的に軸強度を多少犠牲にしてもCr、Ni、Moなどの含有量が多い鋼種を選定すべきと思われる。

① 化学組成

ステンレス鋼のJIS名称

　ステンレス鋼にはさまざまな名称が存在するが、その意味は何だろうか？

JIS規格では鋼種名として、たとえばSUS420J2などと記載されている。これらは以下の意味がある。
① SUS：Steel Use Stainless【ステンレス鋼】の意味である。ちなみにSCS（Steel Casting Stainless）はステンレス鋳鋼、Dは被覆アーク

溶接棒、Sはサブマージアーク溶接線、YはTIGおよびMIG溶接用溶加材、YFはフラックス入り、YBは帯状電極溶接材、SUH（Steel Use Heat Resisting）は耐熱鋼である。

② 420など3桁の数字：鋼種であり、以下の4種類が存在する。

200番代：Fe-Cr-Mnオーステナイト系ステンレス鋼

300番代：Fe-Cr-Niオーステナイト系ステンレス鋼

400番代：Fe-Crフェライト系およびマルテンサイト系ステンレス鋼

600番代：析出硬化型（PH）ステンレス鋼

③ J2など2桁の英数字：鋼種内訳であり、以下の6種類が存在する。

Se：Se添加の快削鋼

F：快削鋼

N1、N2：N添加鋼,、1および2はN含有量の違い

L：低C鋼

J1、J2：日本独自の鋼種、1および2はタイプの違い

A、B、C：タイプの意味、C含有量の違いによるタイプの違い

XM：ASTM規格鋼種

B：棒材（Bar）

HP：熱間圧延鋼板

CP：冷間圧延鋼板

以上より、SUS420J2は、Fe-Crマルテンサイト系ステンレス鋼で日本独自鋼種を意味している。420の合金組成は便覧などを参照されたい。

② 金属組成

ステンレス鋼の種類

　図1.4は化学液中で使用した17%Crマルテンサイト系ステンレス鋼製部品の腐食損傷である。従来、18Cr-8Niオーステナイト系ステンレス鋼を用いた場合には、腐食損傷が生じなかったのでCr含有量が同等の17%Cr鋼でも十分使用可能と考え適用したが、比較的短期間に腐食損傷した。何が違ったのだろう？

ステンレス鋼の耐食性が、化学組成の他に金属組織にも強く影響される点を見落していたのである。

これは、使用鋼種の選択を誤ったために生じた腐食と思われ、ステンレ

（a）腐食損傷部品の全景

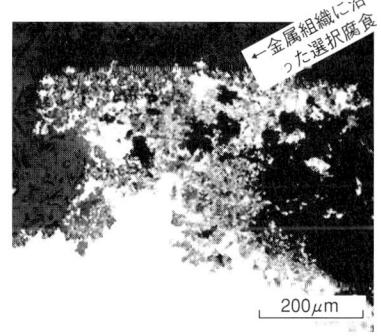
（b）断面金属組織

図1.4　化学液中におけるマルテンサイト系ステンレス鋼部品の全面腐食損傷

ス鋼の鋼種別性質を正確に理解しておけば、発生しなかった問題である。すなわち、ステンレス鋼の金属組織は**図1.5**（3元状態図）[8]に見られるように、主に合金組成により決定される。これらは以下の性質を有している[9]。

① オーステナイト（γ）系ステンレス鋼

　　　γおよび（γ'）金属組織を有し、通常は48〜55kgf/mm^{2}の引張強さを有す。冷間加工することで他鋼種に比べ高硬度になる。合金含有量が同等であれば最も耐食性が優れる。

② フェライト（F）系ステンレス鋼

　　　F金属組織を有し、36〜45kgf/mm^{2}の引張強さを有す。冷間加工しても加工硬化しにくい。γ組織に次いで耐食性に優れる。

③ マルテンサイト（M）系ステンレス鋼

　　　金属格子の歪みが大きいマルテンサイト金属組織を有す。図1.5中の①地点が13Cr鋼、②地点が17Cr鋼である。本鋼は、C含有量と焼戻し熱処理条件を選択することで36〜130kgf/mm^{2}の引張強さを有

② 金属組成

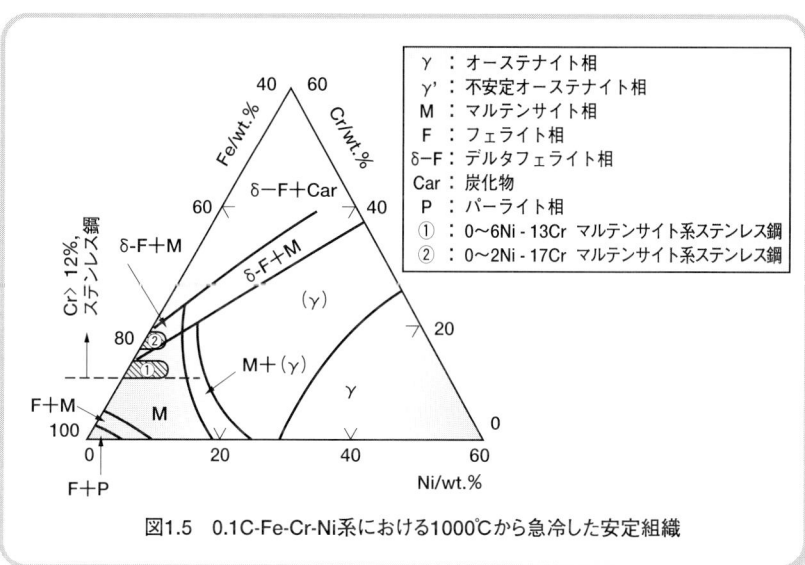

図1.5 0.1C-Fe-Cr-Ni系における1000℃から急冷した安定組織

す。γ組織やフェライト組織鋼に比べ、合金含有量が同等であれば、耐食性が最も劣る。

④ 析出硬化型ステンレス鋼

　　金属組織中にCu-Ni系あるいはNi-Al系析出物が微細に析出することで硬化する鋼。炭化物が析出し硬化する焼入れ焼戻し鋼とは異なる金属強化機構を有す。時効処理条件を選択することで90～130kgf/mm^{2}の引張強さを有す。

表1.2は、上記3鋼種、低合金高張力鋼および炭素鋼における各種性質をまとめたものである。主な特徴はつぎのとおりである。

① オーステナイト系ステンレス鋼は耐食性が優れる。

② フェライト系ステンレス鋼は耐食性と物理的性質が優れる。

表1.2　各種構造材料の性質

分類	性質	鉄鋼材料 オーステナイト系ステンレス鋼	フェライト系ステンレス鋼	マルテンサイト系ステンレス鋼	低合金高張力鋼	炭素鋼・鋳鉄
物理的性質	熱膨張率	×	○	○	○	○
	磁気的性質	×	○	○	○	○
機械的性質	強度（比強度）	×	×	○	○	×
	疲労強度	×	×	○	○	×
	耐摩耗性	×	×	○	○	×
	耐熱性	○	△	△		
耐食性	耐全面腐食性	○	○	△	×	×
	耐孔食性	○	○	△	×	×
	耐粒界腐食性	×	△	△	―	―
	耐応力腐食割れ性	×	○	○	―	―
被加工性	鋳造性	○	△	△	○	○
	溶接作業性	○	○	△	△	○
	溶接熱安定性	×	△	○	△	○
その他	コスト	×	△	△	○	○

○：優れる　△：良い　×劣る

③ マルテンサイト系ステンレス鋼は機械的性質が優れる。

④ 低合金高張力鋼は機械的性質に優れるものの、耐食性が劣る。

⑤ 炭素鋼は安価である。

これらの性質の概略を理解することで、重大な設計ミスを防止することが可能である。

② 金属組成

オーステナイト系ステンレス鋼の性質

　図1.6(a)はオーステナイト系ステンレス鋳鋼品の腐食損傷状況である。従来、炭素鋼部品で実施していた場合と同様に、熱処理することなく、鋳放し状態で使用した結果、ステンレス鋼とは思えないほど著しく全面的腐食損傷が発生している。(b)はその金属組織であり、鋭敏化組織（粒界腐食が発生しやすい金属組織）になっている。何を見落としたのだろう？

損傷形態から判断して、損傷は、鋳鋼品を固溶化熱処理（1050℃に保持後、水冷）せずに使用した結果、生じたものと思われる。後述するようにステンレス鋼は、炭素鋼や鋳鉄に比べてさまざまな点で細心の配慮が欠かせない。わずかな不注意が壊滅的な損傷に発展しやすいことに注

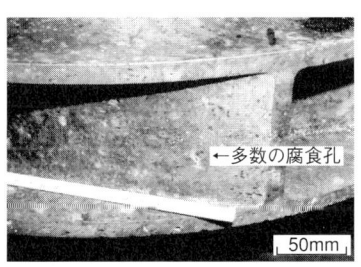
(a) 鋭敏化ステンレス鋼部品の外観

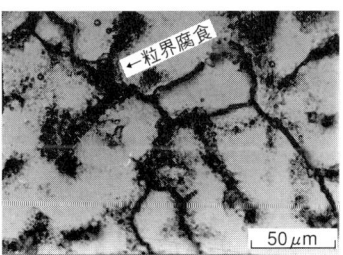
(b) 金属組織

図1.6　鋭敏化ステンレス鋼部品における腐食損傷

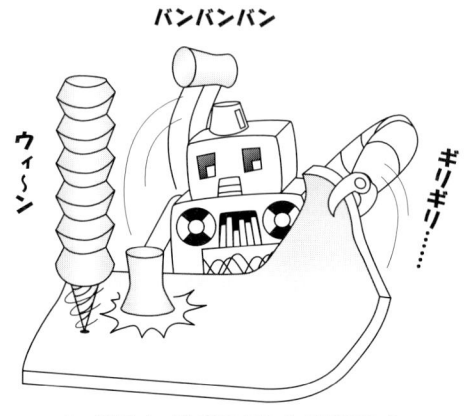

意が必要である。

オーステナイト系ステンレス鋼は他鋼種に比べ以下の特徴がある。

① 金属組織が面心立方格子で、延性に富み加工性に優れる点が最大の長所である。また、溶接性、耐食性、高温強度、低温靭性などにも優れる。たとえば、600℃における引張強さは炭素鋼が8kgf/mm^{2}に対し、SUS304鋼はその3～5倍と大きく、高温機械部品に使用される。また、−200℃程度の極低温においてもシャルピー衝撃値が室温と変化せず（～10kgf・m）超電導機器や液化LPG機械部品に好適である[10]。

② 非磁性なので、一部の電子部品、医療機器、特殊兵器などの特殊用途に用いられる。しかし、SUS304鋼では標準組成に対しCr、NiおよびC含有量を若干減少させた材料を過度に加工すると（図1.5参照）、加工誘起マルテンサイト相が生成し高硬度となり磁性が出て

② 金属組成

くる。SUS304鋼に比べCr、Ni 添加量がそれぞれ1％程度少ないSUS301L鋼は軽量化鉄道車両に好適である[11]。本鋼は加工硬化することで高強度が得られ、L材（低C鋼）なので溶接熱影響に伴う粒界腐食が生じにくいので好都合である。ただし、加工誘起マルテンサイト相が生成することで耐食性が若干低下する。

このように、オーステナイト系ステンレス鋼の強度は、冷間加工率および加工誘起マルテンサイト相生成量でほぼ決定され、合金組成に直接強く依存しない。一方、オーステナイト系ステンレスの短所は、他鋼種に比べ粒界腐食や応力腐食割れが発生しやすい点である。上記の腐食損傷もこの弱点が顕在化したと見ることができる。

このように、ステンレス鋼に限らず、合金添加量が高い高合金鋼になればなるほど、不安定な性質を示すので、品質管理には細心の注意が必要である。

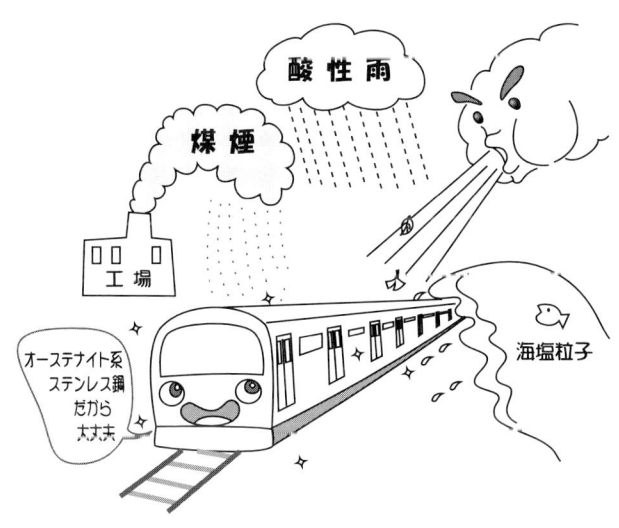

フェライト系ステンレス鋼の性質

　自動車マフラー材は、従来Alめっき鋼板（母材：炭素鋼）が使用されていた。その結果、マフラー外面は塩害で、マフラー内面は排ガスの腐食成分により、しばしば穴明き腐食損傷が発生していた。対策はないのか？

　自動車マフラーの使用環境は、さまざまな腐食成分が関与する厳しい腐食環境である。そのため、母材が炭素鋼では、長期間の使用に耐えがたい。近年は、加工性と耐食性に優れた低Cフェライト系ステンレス鋼

② 金属組成

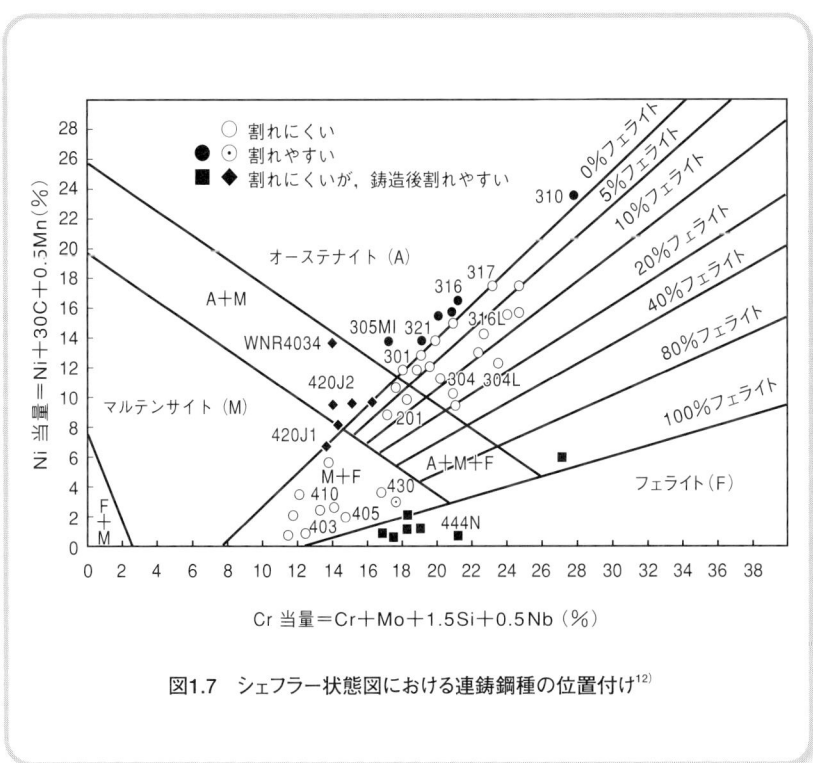

図1.7 シェフラー状態図における連鋳鋼種の位置付け[12]

が開発され、広く使用されている。その結果、穴明き腐食損傷はほとんど見られなくなった。

フェライト系ステンレス鋼の化学組成は、**図1.7**[12]に示すように、Cr当量＝12〜24%において、Ni当量＜4%であり、Ni含有量1%以下の鋼種が大部分である。自動車マフラーなどの排気ガス関連部品、あるいは

80℃以上に加熱される家庭用温水器缶体には、フェライト系SUS410、430鋼などが使用されている。

フェライト系ステンレス鋼の金属組織は体心立方格子であるため、面心立方格子であるオーステナイト系ステンレス鋼に比べ加工性に劣る。しかし、近年の製鋼技術の進歩により極低C鋼（C＜0.05%）が生産され、加工性（特に深絞り性）、耐食性、耐粒界腐食性、耐応力腐食割れ性に優れた鋼種であるSUS444、SUSXM27鋼、SUSXM15J1などが開発され、幅広い部品へ適用されるようになった。

これらは、SUS430をベースにCr、Mo含有量を増し、CとNを減少（C＋N＜0.05%）、さらにNb、TiあるいはAl、Siを添加した鋼種で、以下の特徴を有す。

① オーステナイト系ステンレス鋼に比べ耐応力腐食割れ性や耐隙間腐食性が格段に優れる。この性質は家庭用温水器缶体の製作に欠かせない性質である。
② 溶接作業の余熱・後熱が不要である。また、溶接熱影響により粒界腐食が生じにくい。この性質は部品製造工程の簡略化（原価低減）に大きく貢献している。
③ 薄板は深絞り加工性が優れ、幅広い用途に使用可能である。しかし、厚板材は機械的性質、特に靭性が低下しやすく、溶接材は熱影響部分の結晶粒が粗大となり、シャルピー衝撃値が室温直下で急激に低下するので、機器設計には格段の注意が必要である。
④ 家庭用温水器や海水淡水化プラント機器などに広く使用されている。

② 金属組成

マルテンサイト系ステンレス鋼の性質

　図1.8(a)は高C含有マルテンサイト系ステンレス鋼SUS440A製摺動回転部品に発生した割れ損傷である。割れは部品内面の摺動地点から発生し半月状に進行して最終破断している。(b)は破断面の一部の拡大であり、割れが高硬度材特有の脆性的に進行していることを示している。割れの原因は何だろう？

図1.8の損傷形態より、本損傷原因はつぎのように推定される。
① 部品はビッカース硬度が$H_v=500$と高く、孔食底より割れが発生している。また、本回転部品には、摺動状態により突発的加重の掛かる可能性がある。

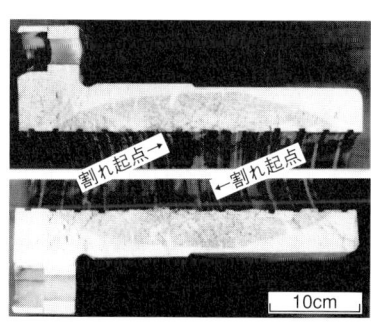 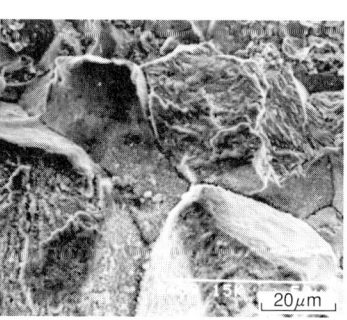

　　(a) 破断面の全景　　　　　(b) 割れ起点近傍の拡大
　図1.8　高硬度マルテンサイト系ステンレス鋼製部品の割れ形態

a）JIS規格の化学組成範囲と熱処理条件範囲

	C	Si	Mn	P	S	Ni	Cr	Mo	焼入れ	焼戻し
SUS403 ~440F	<0.15 ~1.20	0.50 ~<1.0	<1.0 ~1.25	<0.04 ~<0.06	<0.03 ~<0.15	<0.6 ~2.50	11.5 ~18.0	<0.60 ~0.60	13Cr：950~1000℃ 17Cr：1000~1070℃	600~750℃ 100~180℃
SCS1~5	<0.06 ~0.24	<1.0 ~1.5	<1.0	<0.04	<0.04	<1.0 ~4.5	11.5 ~14.0	— ~1.0	SCS1~4：>900~>950℃ SCS5：>900℃	590~740℃ 600~700℃
SCS24	<0.07	<1.5	<1.0	<0.04	<0.04	3.0 ~5.0	15.5 ~17.	Nb: 0.15 ~0.45	1020~1080℃	475~650℃ ×1~4h

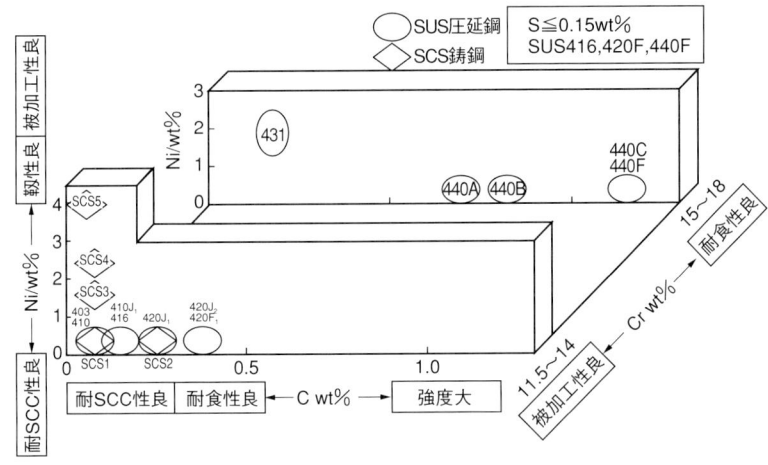

図1.9 JIS規格（JIS G4363, G5121）によるマルテンサイト系ステンレス鋼の化学成分範囲および合金元素量の違いに伴う主な性質の変化

② 本割れ原因は、材料が必要以上に高硬度に製作されたためと推測される。高硬度であれば、切欠感受性や後述する水素脆化割れ感受性が高く、微小な孔食を起点として割れが発生しやすい。

この損傷対策は、摺動部品と言えども、必要以上に高硬度にしないこ

② 金属組成

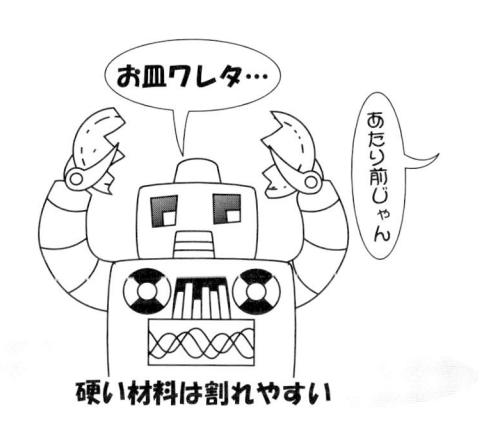

とが大切である。

　ここで、マルテンサイト系ステンレス鋼における化学組成と一般的性質を整理して**図1.9**に示す。本図より以下が明らかである[13]。

① マルテンサイト系ステンレス鋼は、Cr、Ni、Cなどの組合せにより各種性質がさまざまに変化する。CrおよびNiの変化は主に耐食性、耐応力腐食割れ性（耐SCC性）および被加工性に関与し、Cの変化は耐食性と強度に影響を与え、高C側で耐食性が低下し高硬度になる。

② 上記損傷原因が過剰な高硬度に基づくとすれば、低C鋼を選択し高温焼戻し処理することで軟質なマルテンサイト相を得れば、損傷が防止できたと思われる。

③ 高C含有量鋼であっても高温焼戻しすれば低強度材となるが、大量の炭化物が析出して焼戻し脆性、粒界腐食性、応力腐食割れ性などさまざまな問題点が顕在化してくる。必要以上の高C含有鋼は使用しないことが大切である[12]。

2相ステンレス鋼の性質

　2相ステンレス鋼(オーステナイト相＋フェライト相の混合組織)の4mm厚板を購入し、冷間曲げ加工してパイプ製作を試みた。しかし、変形抵抗(バックリング強度)が大きく、曲げ加工が著しく困難であった。その後、過度に変形すると曲げ方向に坐屈して最終的に破損してしまった。この材料の特徴は？

　2相ステンレス鋼は強度と延性を兼ね備えた理想の材料に近い存在である。しかし、厚板の場合には、金属組織の異方性が著しく大きく、冷間圧延加工がきわめて困難であることが知られている。冷間曲げ加工に際し破損したのは、この点に関する認識が若干欠けていたものと判断さ

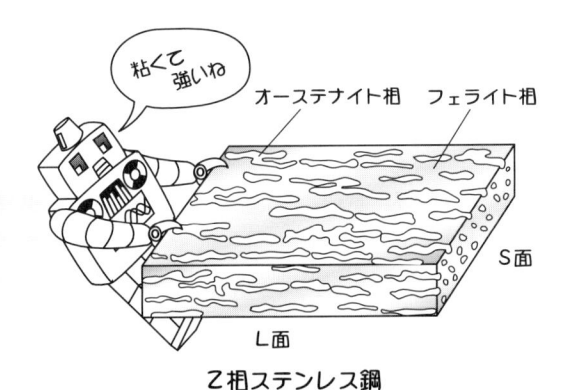

混ざった材料は粘りがあって強い

② 金属組成

れる。

2相ステンレス鋼の性質は、以下が知られている[15]。

① 化学組成は、26Cr-4Ni-2Mo（SUS329J1）の場合、オーステナイト系ステンレス鋼（Ni：8〜10％）とフェライト系ステンレス鋼（Ni＜1％）のほぼ中間合金組成である。

② 金属組織は微細なオーステナイト相がフェライト相中に混合した組織である。

③ 図1.10[16]に示すように機械的性質は、オーステナイト系ステンレス鋼の延性とフェライト系ステンレス鋼の強度を兼ね備えた性質を有す。耐食性についてもほぼ同様である。ただし、金属組織に沿って強い異方性（圧延面(L面)とその断面(S面)で性質の違いがある）が

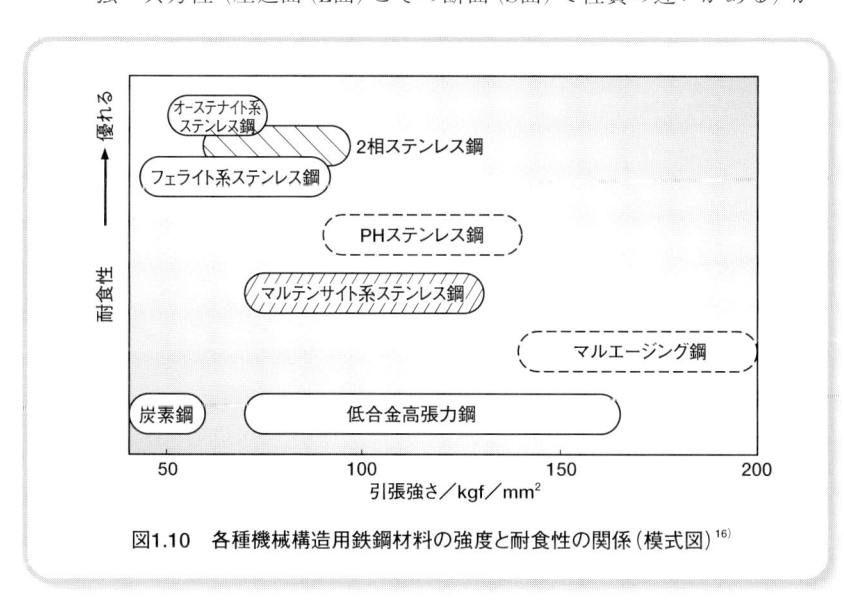

図1.10　各種機械構造用鉄鋼材料の強度と耐食性の関係（模式図）[16]

あり、異方性を考慮した部品設計が必要である。
④ 冷間加工性に劣る。熱膨張率が小さく、熱伝導率が大きい。また磁性がある。
⑤ フェライト相が存在することで、耐応力腐食割れ性および耐粒界腐食性が優れる。耐孔食性は後述する孔食指数（Cr＋3.3Mo＋16N、p.93図3.1およびp.105図3.7参照）を判断指標として概略判断できる。

これより、冷間加工問題は、以下のように解決するとよい。
① 2相ステンレス鋼は1mm前後の薄板を使用する。厚板構造物が必要な場合は鋳造品（パイプの場合は遠心鋳造）を製作する。
② 冷間曲げ加工および溶接構造物としてパイプを製作する場合には、オーステナイト系ステンレス鋼を選択する。

溶接に際しては、溶接熱影響部分に以下の重大な障害があるため、注意すべきである[17]。
① 溶接熱の付与により結晶粒が粗大化するなど金属組織が複雑に変化し、シグマ相の析出に伴い靭性が著しく低下するとともに硬度と残留応力が増大する。
② その地点では、耐粒界腐食性および耐応力腐食割れ感受性が著しく低下する。また、機能的性質も著しく低下する。
③ 本障害の防止策として、SUS304鋼製あて板を用いることが有効である。溶着金属および熱影響部の硬度上昇、残留応力の増大が抑制される。
④ 400℃以上で長時間使用される機器では475℃脆性と呼ばれる障害が生じやすく、機器の保守管理には特別な配慮が必要である。

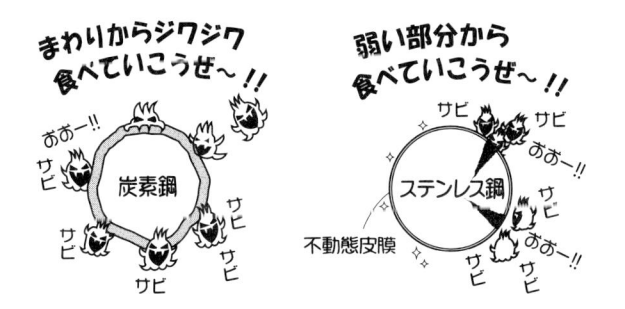

③ ステンレス鋼の用途

ステンレス鋼の化学的な性質

　図1.11はSUS304オーステナイトステンレス鋼管の腐食状況である。管内流速がほとんどゼロの海水中で使用した結果、海洋生物の付着下より隙間腐食が発生し、比較的短期間に貫通穴が発生している。ステンレス鋼でも孔があくのか？

損傷の原因は以下が考えられる。

①海水中においてステンレス鋼は孔食や隙間腐食が生じやすいことが

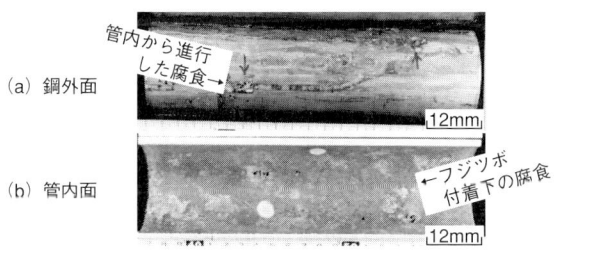

(a) 鋼外面　　管内から進行した腐食　12mm

(b) 管内面　　フジツボ付着下の腐食　12mm

図1.11　SUS304鋼管内面に付着した海生生物下の隙間腐食損傷

まわりからジワジワ食べていこうぜ～!!　　炭素鋼　サビ　おおー!!

弱い部分から食べていこうぜ～!!　　ステンレス鋼　不動態皮膜　サビ　おおー!!

表1.3　ステンレス鋼の用途と製品

利用した主な性質	利用分野	製品名
耐食性	家電品、台所用品	電気洗濯機、冷蔵庫、流し台、魔法瓶、食器など
	建築、土木	電気温水器、太陽熱温水器、配管、建設屋根材など
	産業機械	原子力発電機器、化学プラント部品、精密機器など
	輸送機器	自転車、鉄道車両、自動車部品など
強度、硬度	家電品、台所用品	刃物、大具道具、エクステリア、ビール樽など
	建築、土木	水槽、ばね、バルブ、エスカレーター、油井管など
	産業機械	大型ポンプ、水車、濾過機、蒸気タービンなど
	輸送機器	船舶部品、オートバイ部品、ばね、弁座など
非磁性、低温強度	特殊用途	超電導製品、医療器械、ＩＴ部品、特殊兵器、極低温部品、ケミカル・LPGタンカーなど

知られている[18]。特に静止水中では海洋生物が付着しやすく、その下方で隙間腐食が発生しやすい（後述の表3.3参照）。

②海水中におけるステンレス鋼は穿孔性孔食になりやすい点にも配慮が欠けていた。

本腐食損傷対策の１つは、ステンレス鋼管に換えて炭素鋼管を使用することである。炭素鋼は腐食性の強い海水中であっても、流速が低ければ腐食速度は十分小さい。また、厚肉管を使用することで腐食寿命の延長も可能である。

表1.3はステンレス鋼の利用分野と製品の関係である。ステンレス鋼は幅広い分野のさまざまな製品に利用されているが、以降で述べるように適用製品に必要とされる固有な性質とそれを満足するにふさわしいステンレス鋼種の関係を理解し、設計・製作に反映することが大切である。

③ ステンレス鋼の用途

ステンレス鋼の一般的な機械的性質

　図1.12はマルテンサイト系ステンレス鋼製ピンの疲労破壊面状況である。割れはピン外周部から発生し軸心に向かって平坦に進行した後、軸中心で最終破断している。本部品の使用条件や付与応力などは、十分明らかでない。「金属疲労」ってよく聞く言葉だが、それなのか？

　図1.13はマルテンサイト系ステンレス鋼における改良の系統図である[15]。本鋼種は各種合金元素を添加し、目的に沿った性質を得る改良がなされている。本鋼を選択する場合には、これら鋼種ごとの改良思想を理解し

図1.12　マルテンサイト系ステンレス鋼製ピンの疲労破壊

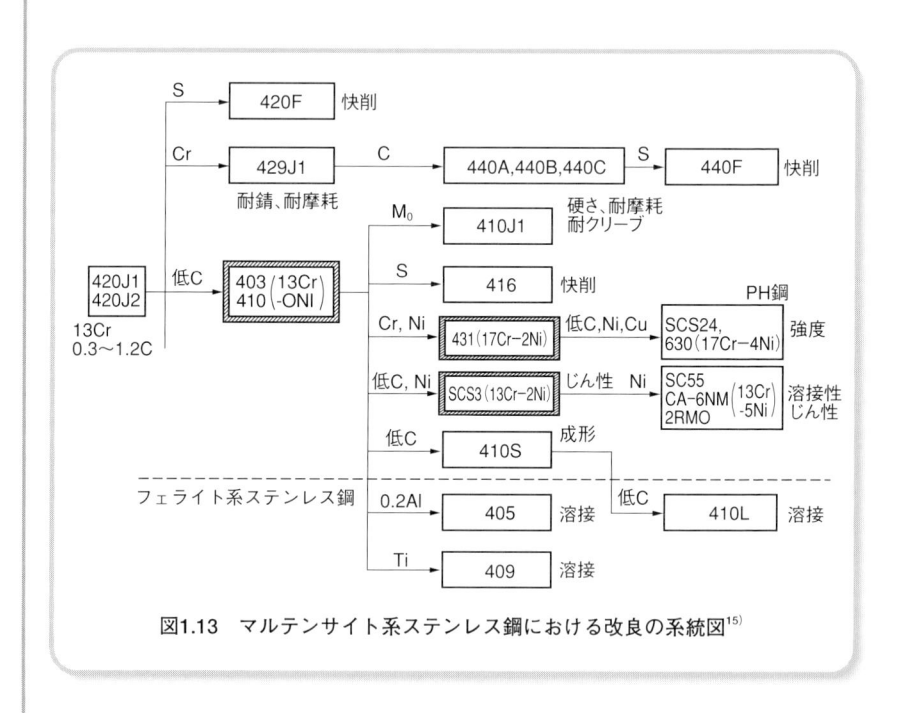

図1.13 マルテンサイト系ステンレス鋼における改良の系統図[15]

ておくことが大切である。

　上記の部品は使用条件や付与応力などが不明なため、損傷原因が明らかでない。しかし、割れ形態から見て単純な疲労破壊と思われ、破損原因は部材の強度不足あるいは部品形状（サイズ）の設計ミスと推定される。

　部品の強度を増すには、高強度材の高Cr、Mo添加鋼を低温焼戻しして使用すべきである。また、高強度な析出硬化型鋼（PH鋼）も有望である。材料選択の基本は過去の経験を尊重することである。

　表1.4はマルテンサイト系ステンレス鋼の場合における使用実績であ

③ ステンレス鋼の用途

る[20]。ここでは、機械・部品の種類、鋼種、主として使用した機能をまとめた。機器部品の設計に際し、参考にしていただきたい。

表1.4 マルテンサイト系ステンレス鋼の利用分野，使用環境，機械部品，具体的鋼種および主として利用した機能

装　置	環　境	機器・部品	鋼　種	主として利用した機能
化学機械	化学薬品	ポンプ，バルブ等	SUS410	耐食性，耐摩耗性
	薬　剤	濾過機，造粒機等	17-4PH	耐応力腐食性割れ
交通運輸機器	高温排気ガス	航空機排気ガス通路部品	SUS431,17-4PH	比強度，耐熱性
	高温大気	大型高速航空機翼桁	15-5PH	耐酸化性
動力機器	高温蒸発	蒸気ダービンブレード	12Cr-MO	ラブチャ強さ，耐食性
	汚染大気	圧縮機インペラ	SUS403, 410	比強度，疲れ強さ，耐食性
	淡　水	水車ランナ	13Cr-4Ni	耐キャビテーション・エロージョン性
原子力機器	高温高純度水（〜300℃）	新型BWR	13Cr-Ni,	耐応力腐食割れ性,
		インターナルポンプ	SUS431	低熱膨張率，耐食性
		新型転換炉圧力廷長管	13Cr-3Ni	耐照射脆化特性
海洋開発機器	海　水	海水ポンプ摺動部品	17-4PH	摺動性，耐孔食性
電気機器	化学液	弁，流量計の接液摺動部	SUS440	摺動性，耐食性
	汚染大気	ばね	17-4PH	ばね性，磁性
家庭用および業務用機器	食　品	調理台，台所用品	SUS430	耐食性
		刃物	SUS440	耐摩耗性
建築材料各種部品	雨　水	バルブ弁棒	SUS420J₁	強度，耐食性，耐かじり性
		ばね用鋼線	16Cr-2Ni	耐食性，ばね性
石油採掘機器	原　油	油井管	SYS420	強度，CO_2に対する耐食性

第1章の参考文献

1) 腐食防食協会編：腐食・防食ハンドブック、p.23（2000）
2) ステンレス協会編：ステンレス鋼便覧、p.5、日刊工業新聞社（1995）
3) 慶和俊雄、田中治：ステンレス鋼溶接の実際、p.20、産報出版（2000）
4) 春山志郎：表面技術者のための電気化学、p.210、丸善（2001）
5) 伊藤伍郎：防食技術、18、345（1968）
6) 腐食防食協会第104回腐食防食シンポジウム資料、p.9（1995）
7) ステンレス協会編：ステンレス鋼便覧、p.261、日刊工業新聞社（1995）
8) M.O. Speidal：Met. Trans., 12A、779（1981）
9) 日本熱処理技術協会編：熱処理ガイドブック、p.25（2002）
10) ステンレス協会編：ステンレス鋼便覧、p.554、日刊工業新聞社（1995）
11) 腐食防食協会編：腐食・防食ハンドブック、p.869（2000）
12) ステンレス協会編：ステンレス鋼便覧、p.817、日刊工業新聞社（1995）
13) ステンレス協会編：ステンレス鋼便覧、p.497、日刊工業新聞社（1995）
14) ステンレス協会編：ステンレス鋼データブック p.68、134（2000）
15) ステンレス協会編：ステンレス鋼便覧、p.634、日刊工業新聞社（1995）
16) ステンレス協会編：ステンレス鋼便覧、p.1357、日刊工業新聞社（1995）
17) 梶山裕久他：腐食と対策事例集、腐食防食協会、p.180（1985）
18) 尾崎敏範：海水機器の腐食、技術評論社、p.234（2002）
19) 腐食防食協会編：防食技術便覧、p.359、日刊工業新聞社（1986）
20) 腐食防食協会編：腐食・防食ハンドブック、p.665、丸善（2000）

tea time・・・

第2章
ステンレス鋼の物理的、機械的性質

サビ サビッ　　　　　レス助手　　ステイン博士

① 物理的な性質

ステンレス鋼の電気的性質

　従来、家庭用電気差込プラグは、銅合金で製作されているが、長期間使用すると黒く腐食変色しやすい。そこで、その防止策として腐食変色しにくいと思われるSUS304ステンレス鋼を用いて試作品を作成したが、一部の差込プラグが接触地点で発熱気味になり、量産を断念した。何が原因だろうか？

　SUS304鋼は、機械的強度やプラグ端子の腐食変色防止の点から好ましいものの、電気的性質に重大な欠点がある。後述するようにオーステナイト系ステンレス鋼SUS304鋼は純銅に比べ電気伝導度が非常に劣る。その結果、接触点でジュール熱が発生しやすく、上記の障害に発展しやすいものと推測される。

　図2.1は各種金属材料の電気抵抗率である[1]。SUS304鋼の電気抵抗率は、

第2章　ステンレス鋼の物理的、機械的性質

図2.1　各種金属材料の電気抵抗率

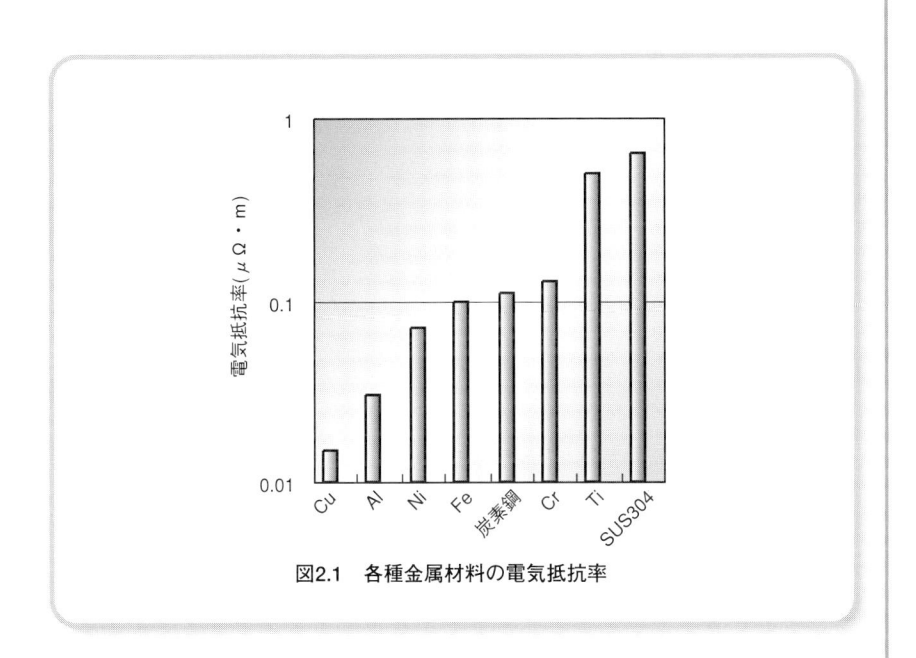

純銅のほぼ100倍、ステンレス鋼の主構成元素であるFe、Cr、Niのいずれに対しても1桁程度大きい。よって、SUS304鋼をプラグ材料として使用することは好ましくない。

こうした特性により、ステンレス鋼を電気・電子部品として使用することは基本的に困難であることがわかる。さらに、ステンレス鋼表面には高抵抗性の不動態皮膜や酸化膜が存在するので、部品間の接触抵抗も大きくなり、ジュール熱が発生しがちである。

以上より、家庭用電気差込プラグには、端子材料として銅合金（主に黄銅）を継続して使用するものの、腐食変色防止策として、部品表面に軟質Niめっきを施すことが好ましい。

ステンレス鋼の熱伝導性（1）

　ステンレス鋼製鍋で料理をすると、とても焦げやすい。料理が下手なのか？　また、このときの「焦げ」は、多少こすっても落ちない。なぜなのだろう？

　図2.2はステンレス鋼の熱膨張係数と熱伝導率の関係である。図より、熱膨張係数は金属の種類により2～3倍しか変化しないのに対し、熱伝導率は100倍近く変化している。オーステナイト系ステンレス鋼SUS304はこれらの金属の中で熱伝導率が最も小さい値を示している。

　Ag、Cu、Alは優れた熱伝導性を示し、炭素鋼もオーステナイト系ステンレス鋼の～3倍の値を有す。焦げにくい鍋はこれら熱伝導率の高い材料で製作されていることが経験的に知られている。

　ということは、ステンレス鋼鍋で焦げやすいのは、料理が下手なわけではないと思われる。

　そこで、各種金属材料板を用い、日頃料理している状態を再現し、目玉焼きを作った。板厚1mmのCuおよびAl板を用いた場合には、ほとんど焦げつかない。板厚を5mmに増すと、さらに焦げつきにくい。

第2章　ステンレス鋼の物理的、機械的性質

① 物理的な性質

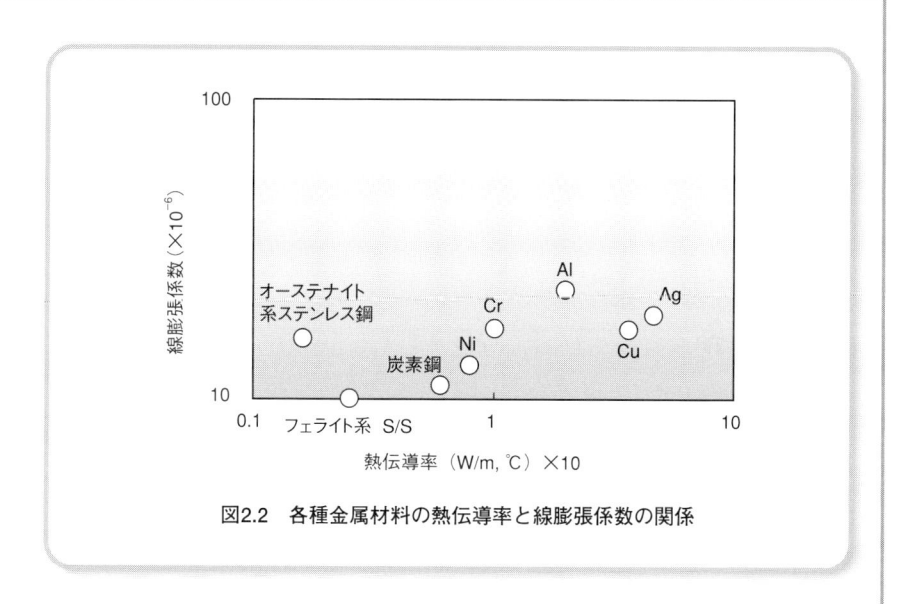

図2.2　各種金属材料の熱伝導率と線膨張係数の関係

　一方、板厚1mmのステンレス板の場合は、ガスレンジの炎直上地点に沿ってスポット状に焦げつきやすい。板厚を5mmにすると、若干改善される。なお、鉄板の場合は、Cu板とステンレス鋼板の中間の焦げつき状態であった。焦げの発生は鍋底の横方向温度分布が均質であることが重要と言われている。金属材料自身の熱伝導性が悪く、かつ板厚が薄いと鍋底の横方向温度分布が不均一になり、炎直上地点に沿って高温部分で焦げが発生しやすいと推測される。好ましくはプロの料理人が使用するような、厚手のCu鍋かAl鍋を使用すれば、焦げから開放されるのであろう。

　ステンレス鋼鍋の焦げが落ちにくいのは、おそらく下地材の強度と耐食性がCuやAlに比べ強いために、焦げつき膜が剥離・除去しにくいためであろう。

ステンレス鋼の熱伝導性（2）

　オーステナイト系ステンレス鋼SUS304製ビスを用い機械構造物フレームの組立て作業を行っている。しかし、炭素鋼ビスやマルテンサイト系ステンレス鋼ビスに比べ「かじり」や「焼付き」が生じやすく困っている。何が違うのだろう？

　ネジの「かじり」、「焼付き」問題は、主に素材の熱伝導率、熱膨張率、加工硬化性などで説明される。前項の図2.2より、オーステナイト系ステンレス鋼の熱伝導率は炭素鋼の1/5倍、フェライト系ステンレス鋼の1/2倍である。一方、熱膨張率は共に2倍程度である。

　その結果、熱伝導率が小さい材料では、かみ合わせ面の発生熱がこもり高温になりやすい。また、熱膨張係数が大きい材料では、加工地点の温度上昇に伴い材料が膨張し接触圧が高くなり焼付きやすくなる。また、オーステナイト系ステンレス鋼は変形により高硬度な加工誘起マルテンサイト相を生成するなど加工硬化能が大きい点も「かじり」、「焼付き」の発生を促進する[3]。これらの性質はオーステナイト系ステンレス鋼板に穴明け加工や切削加工が困難な点と共通している。

　ビス留め作業の「かじり」、「焼付き」が生じるのを防ぐには、以下のような対策が考えられる。

①オーステナイト系ステンレス鋼製ビスに換え、炭素鋼あるいはマルテンサイト系ステンレス鋼製ビスを使用する。

②締付け作業の適正化、すなわち締付け物に対し平行・直角を保ちつ

第2章　ステンレス鋼の物理的、機械的性質

① 物理的な性質

つ可能な限り低速度で締付け作業する。また、タービン油をネジに塗布してもかじり・焼付き防止効果は少ないが、二硫化モリブデンペーストなどの表面塗布剤を塗ることが有効である。

ステンレス鋼の磁性

新しく購入したステンレス鋼鍋は磁石につくが、安物なのだろうか？

代表的ステンレス鋼の主な化学組成は、**図2.3**のように分類される[4]。各鋼種はCr、Ni、Moなど合金元素量のバランスにより、γ相、マルテンサイト相、フェライト相などに決定される。

表2.1に、各種ステンレス鋼における化学組成、磁性、代表的性質をまとめた。マルテンサイト系、フェライト系および2相系の各ステンレス鋼に磁性がある。これらの金属結晶構造は体心立方格子である。一方、オーステナイト系ステンレス鋼は面心立方格子であり、非磁性である。しかし、化学組成から明らかなように、磁性を有すステンレス鋼が耐食性に劣るものではない。

以上より、磁性と耐食性は無関係である。購入した鍋が磁性を有していても、Cr、Ni、Mo含有量が多い高級なフェライト系あるいはマルテンサイト系ステンレス鋼であれば、優れた耐食性を有している。

一方、オーステナイト系ステンレス鋼を強く冷間加工すると、加工誘起マルテンサイト相が生成し、若干の磁性を帯びてくる[5]。この場合は加工前に比べわずかに耐食性が低下する。

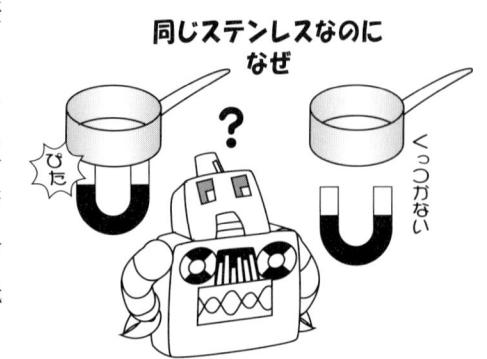

第2章　ステンレス鋼の物理的、機械的性質

① 物理的な性質

図2.3　各種ステンレス鋼の合金組成

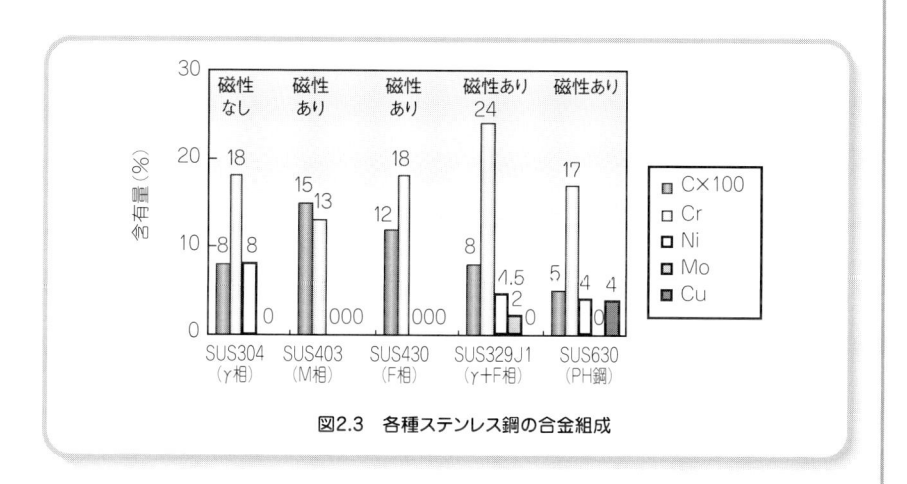

表2.1　各種ステンレス鋼の化学組成、磁性、代表的性質

鋼　種	代用鋼種	化学組成	磁性	代　表　的　性　質
オーステナイト系鋼	SUS304	18Cr-8Ni	なし	被加工性、溶接性などに優れる一般的ステンレス鋼、多方面に使用
	SUS316	16Cr-10Ni-2Mo		
	SUS310	20Cr-24Ni		SUS304鋼に比べ耐熱性・耐酸化性が良
マルテンサイト系鋼	SUS403,410	13Cr	あり	高強度部機械部品、刃物などに使用
	SUS431	17C		13Cr鋼に比べ耐食性、靭性が向上
フェライト系鋼	SUS430	18Cr	あり	成形加工部品一般に使用
	SUS444	18Cr-2Mo		耐孔食性、耐応力腐食割れ性に優れる
析出硬化型鋼	SUS630	17Cr-4Ni-2Cu	あり	高硬度なマルテンサイト系鋼
	SUS631	17Cr-7Ni-1Al	なし	高硬度なオーステナイト系鋼
2相系鋼	SUS329J1	25Cr-4.5Ni-2Mo	あり	高強度で、耐海水腐食性部品に使用
	SUS329J4L	25Cr-6Ni-3Mo		0.2N-低C鋼,化学プラント部品に使用

② 機械的な性質

ステンレス鋼を熱処理すると

ステンレス鋼の熱処理条件は鋼種ごとに変える必要があるのか？

表2.2は各種ステンレス鋼の主な性質、熱処理条件と主な用途である[6]。オーステナイト系ステンレス鋼は950～1100℃から急冷の固溶化処理が重要である。熱処理条件を変化させても、機械的性質はほとんど変化しないが、第3章で述べるように650℃前後で長時間加熱するか、溶接熱が加わると鋭敏化組織となり粒界腐食しやすくなる。

フェライト系ステンレス鋼もオーステナイト系ステンレス鋼と基本的に同じである。しかし、500℃前後で長時間加熱すると、粒界腐食しやすくなる。この場合は780～850℃焼戻しすれば粒界腐食しなくなる。フェライト系ステンレス鋼は475℃前後で焼戻した場合、475℃脆性と呼ばれる脆化現象があるので避けなければならない。

マルテンサイト系ステンレス鋼における熱処理条件と機械的性質の関係の例を図2.4に示す[7]。本鋼は焼戻し条件により硬質なマルテンサイト相が形成され、機械的性質が著しく変化する。焼戻し温度が500℃以下であると引張強さが140kg·f/mm²以上の高強度であるが水素脆化割れが発生しやすい。600℃前後で焼戻しすると引張強度が80kgf/mm²程度の低

表2.2　各種ステンレス鋼の熱処理条件と主な用途

オーステナイト系ステンレス鋼

鋼種	好ましい熱処理条件	主な用途
SUS201&202	950～1100℃，急冷	厨房用品，ばね，機械構造部品
SUS304&316		構造物一環，化学装置部品
SUS310S		化学プラント部品
SUS321&347		溶接部品，熱交換器

2相ステンレス鋼

SUS329J1	950～1100℃，急冷	海水機械部品

フェライト系ステンレス鋼

SUS405	780～850℃，徐冷	タービン羽根
SUS430&434		厨房用品，自動車外装材
SUS444		温水器など

マルテンサイト系ステンレス鋼

SUS403,410,420J2	950～1000℃焼入れ，700～750℃焼戻し	回転機械部品，刃物
SUS431	1000～1050℃焼入れ，630～700℃焼戻し	船舶部品など
SUS440A～C	1000～1050℃焼入れ，150℃焼戻し	刃物，ベアリング

析出硬化型ステンレス鋼

SUS630	時効処理は470,540,570&610℃4段階を選定	回転体機械部品
SUS631	時効処理は2段階に選定	ばね，計器部品など

強度となり、粒界腐食（IGC）あるいは粒界応力腐食割れが発生しやすい。一方、750℃以上で焼戻しすると必要以上に低強度になり残留オーステナイト相の生成により複雑な金属状態となって実用的でない。一般

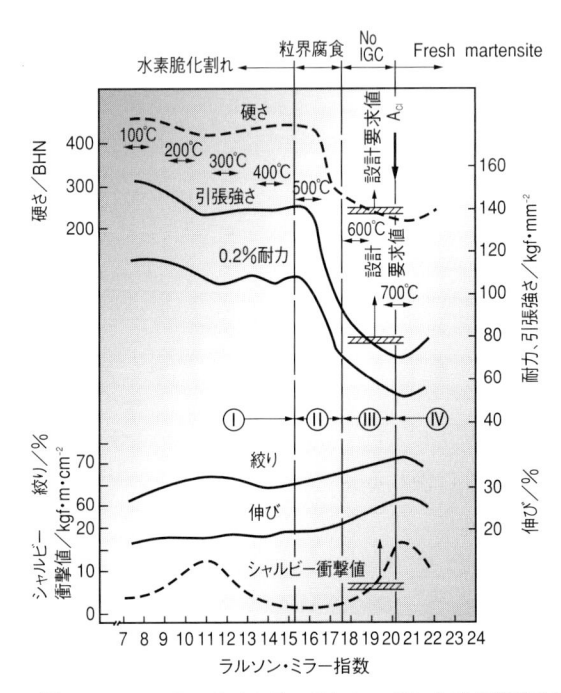

図2.4 低C-13Crマルテンサイト系ステンレス鋼における機械的性質の焼戻し温度依存性[7]

的には、650～750℃焼戻し状態で使用する。

　以上より、ステンレス鋼にとって該当鋼種に合った熱処理を与えることがきわめて重要である。後述するように、熱処理条件の選択を誤ると、ステンレス本来の優れた性質が失われ、壊滅的な損傷に発展することも珍しくない。

② **機械的な性質**

ステンレス鋼の延性、プレス加工性

　オーステナイト系ステンレス鋼は延性に優れていると聞くが、他のステンレス鋼種に比べ、どのような加工工程においても加工しやすいのだろうか？

　まず、プレス加工性は以下が知られている[8]。

①絞り成形性

　材料が絞り方向に引張られ、円周方向に圧縮されるのでランクフォード値（引張力により、幅方向と板厚方向の板厚減少の比率、**表2.3**参照）が大きいほど加工性に優れる。

②張り出し成形性

　板に引張応力のみが働くので、加工硬化により材料の局部変形を防止

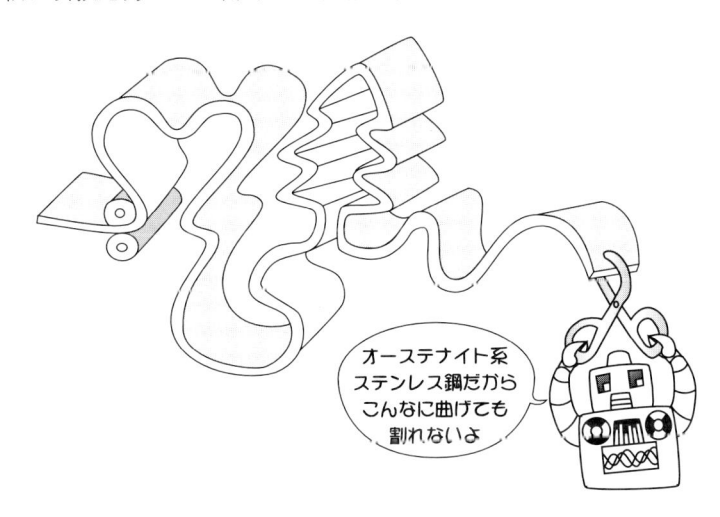

オーステナイト系ステンレス鋼だからこんなに曲げても割れないよ

表2.3　代表的なステンレス鋼のランクフォード値と加工硬化指数

	ランクフォード値	加工硬化指数
オーステナイト系ステンレス鋼	1.0	0.44
低C含有フェライト系ステンレス鋼	1.7	0.21
炭素鋼（リムド鋼）	1.32	0.18

され均一変形が容易となるので、加工硬化指数が大きい材料ほど、成形性に優れる。

③曲げ成形性

曲げ中心の外側が引張られ、内側が圧縮されるので、曲げ加工内径が小さいほど厳しい加工となる。伸びやすい材料が曲げ成形しやすい材料である。

以上より、オーステナイト系ステンレス鋼は加工硬化指数が大きいので張出し成形や曲げ加工に好適であり、フェライト系ステンレス鋼は、ランクフォード値が大きいので絞り成形に好適である。プレス加工で発生する障害にはつぎのような対策を施す。

a）置き割れ

オーステナイト系ステンレス鋼を絞り成形すると、一定時間経過して割れが発生することがある。主原因は加工誘起マルテンサイト相の生成

② 機械的な性質

や残留応力の残留に基づくとされている。したがって、対策としては、合金組成の選択が最も重要である。

すなわち、加工誘起マルテンサイト相の生成量を抑制する目的でCr、Ni、Moなどの添加量が多い鋼種（304に比べ316鋼）を選定することが大切である。また、低C、低N含有鋼を使用することで生成したマルテンサイト相の硬さを抑えることも大切である。また、可能であれば加工直後に焼きなまし処理を与え、残留応力の除去や加工誘起マルテンサイト相を消失させることも有効である。

b）縦割れ

フェライト系ステンレス鋼を絞り成形すると、材料が加工硬化することで脆化し縦方向に割れることがある。

対策はランクフォード値の大きい、低C・低N含有鋼あるいはTi添加鋼を使用することである。

17Crフェライト系ステンレス鋼の場合は、〔（TiあるいはNb）／（C＋N）〕を5前後とすることで、加工硬化に寄与するC＋NをTiCあるいはNbCとして固定することが大切である。この結果、割れ発生遷移温度域が零度以下となり、遷移温度域以上で冷間加工する限り縦割れは発生しにくい。

c）リジング（ローピング）

リジングとは、フェライト系ステンレス鋼を加工したときに、圧延方向に平行に生じる凹凸状のうねり状模様であり、美観を損ねるとして問題となる。発生原因は素材の鋳造組織や成分偏析に基づくとされている。

対策は冷間加工前段階における素材組織を整えることを目的とした熱延条件や焼きなまし条件に配慮することである。

ステンレス鋼の深絞り性

SUS304オーステナイト系ステンレス鋼を用い円筒状深絞り成形した。その結果、加工直後は正常であったが、今日見ると無残にも多数の割れが発生していた。なぜだろう？

損傷形態より、損傷の原因は深絞り加工性に乏しいオーステナイト系ステンレス鋼を用いたため、「置き割れ」と呼ばれる割れが発生したものと思われる。「置き割れ」は加工変形に伴い発生する、①加工誘起マルテンサイト相の生成、②残留応力、③鋼中水素、④加工条件、などに関連するとされている。延性に優れた低C鋼でかつ低N材を用いることが割れ防止に有効である[9]。このような損傷は以下により、防止できる。

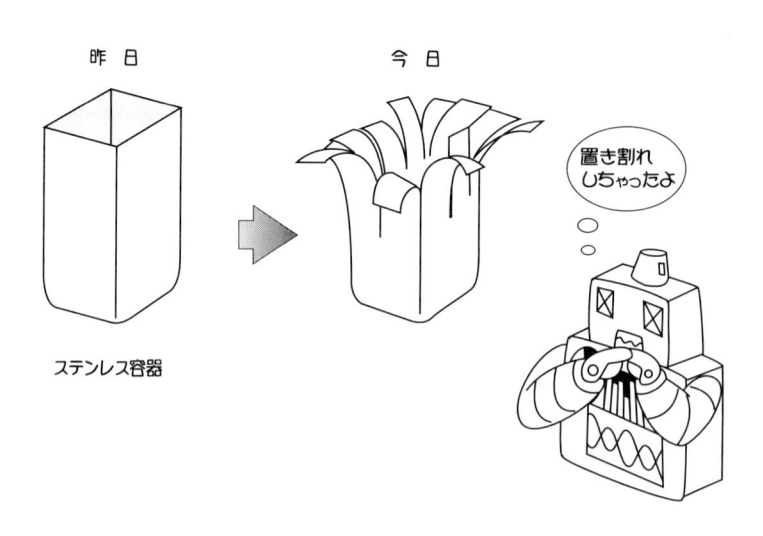

昨日　　　今日

ステンレス容器

置き割れ
しちゃったよ

第2章　ステンレス鋼の物理的、機械的性質

② 機械的な性質

① オーステナイト系ステンレス鋼に換え、フェライト系ステンレス鋼を使用する。

すなわち、深絞り成形は長手方向に引張応力、円周方向に圧縮応力が作用する成形方法であり、フェライト系ステンレス鋼が優れている。一方、加工硬化能が大きいオーステナイト系ステンレス鋼は曲げ成形性や張り出し成形性に優れるものの、本成形には不向きである。

② オーステナイト系ステンレス鋼の使用が避けられない場合には、低C鋼でかつ低N鋼を用いる。

本割れは加工変形に伴い発生する加工誘起マルテンサイト相や残留応力などが複雑に関連するとされており、それらの生成量が小さい材料の使用が好適である。具体的な鋼種は前述の図1.7に見られるように、オーステナイト相が安定なNi当量の大きい材料（高Ni鋼、304よりも316鋼）を用いる方が好ましい。また、加工誘起マルテンサイト相の生成を抑制する目的で100〜200℃に加熱した状態で加工することも有効である。

③ 成形加工直後、400℃以下で焼なましする。

熱処理により、残留歪やマルテンサイト相を除去すれば本割れ防止にきわめて有効であることが知られている。ただし、鋭敏化温度域（〜600℃）での熱処理は避けなければならない。

③ 溶接法

ステンレス鋼の一般的溶接性

イラストに溶接したステンレス鋼パイプの内面形状を示した。溶接ビードの裏波が複雑に膨れ上がり、多数の欠陥も発生している。炭素鋼パイプの溶接では問題が生じなかったのに、何が違うのか？

ステンレス鋼の溶接欠陥を防止するにはいくつかの条件を守る必要が

第2章　ステンレス鋼の物理的、機械的性質

ある[10]。

　ステンレス鋼の溶接は基本的に不活性雰囲気で行う必要がある。本鋼は炭素鋼や低合金鋼などに比べきわめて酸化しやすいので、大気中や風が強い作業環境では溶着金属が酸化されやすく、欠陥の多い仕上がりとなる。特にパイプの裏波溶接の場合には、パイプ内に不活性ガスを注入（バックシール）しない限り健全なビードが形成されにくい。また、溶接素材表面や溶着金属表面は、前もって汚れ、油、錆び、酸化スケールなどを十分除去し、清浄に保ちながら溶接作業する必要がある。

　溶接作業の始端部分や中断部分には酸化物の残留やピンホールが発生しやすい。これらは疲労破壊の起点や隙間腐食の発生源になるので、入念な最終仕上げが必要である。溶接欠陥ピンホールや酸化物をグラインダ研磨で除去しつつ、溶接作業を継続するのが好ましい。

　高純度ステンレス鋼は特に溶接雰囲気の影響を受けやすい。溶着金属中に大気中のNやOが溶け込むと金属組織の変化やさまざまな欠陥、割れ、機械的性質の低下（脆化）が発生しやすく、溶接手法に格段の注意が必要である。

　このようにステンレス鋼は、さまざまな溶接欠陥が発生しやすい。溶接作業には十分な準備や条件設定あるいは認定された作業力量が重要である。損傷の防止には、溶接作業条件として最低限バックシールが不可欠である。

オーステナイト系ステンレス鋼の溶接

　図2.5（a）はオーステナイト系ステンレス鋳鋼品、補修溶接部に発生した疲労破壊状況である。(b)は割れ起点近傍の拡大であり、割れは溶着金属の溶接欠陥より発生している。溶接のどこが悪かったのだろう？

　SUS304および316の溶接における溶接棒の選択は基本的に共金溶接が好ましい。しかし、さまざまな問題があり、細心の注意が必要である[11]～[14]。

　308Lおよび309L系など低C系溶接棒を使用すると溶着金属の粒界腐食を回避できる点で好都合であるが、溶着金属の高温強度やクリープ強度が低下する。海水など強腐食性環境で使用する場合は、第3章で述べる

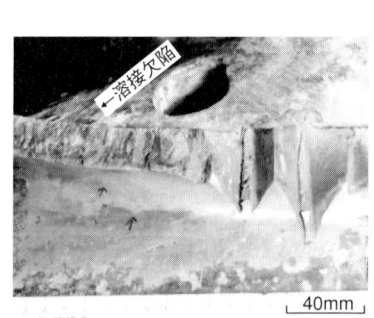

（a）破損部分の外観 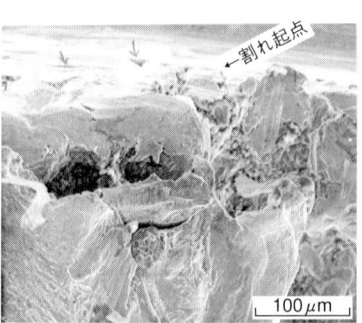　　　　（b）割れ起点の拡大

図2.5　溶接欠陥を起点とした破壊損傷

③ 溶接法

ように溶着金属が優先腐食しやすいので、溶接棒材としてNi、Mo含有量が多く低C鋼の316L、317Lなどを使用する。前述の図1.7に示すように310鋼系高Ni系溶接棒を使用すると、溶着金属がδ-フェライト相を含まず100％オーステナイト相組織になり、高温割れが生じやすいので基本的にはその種の溶接棒の使用を避けるべきである。不可避に使用する場合には、溶接入熱量を十分抑え細心の注意を払いながら溶接作業する。SUS321（Ti添加安定化鋼）の溶接にはSUS347を用いるが、Tiが酸化しやすく、溶着金属の組成が変化しやすいため、溶接割れを発生することが多い。

オーステナイト系ステンレス鋼は、溶接熱により溶着金属近傍の熱影響部が粒界腐食しやすくなる。これを防止するのは、低C鋼や安定化鋼（Ti、Nb添加）を使用するか、溶接棒や入熱量に配慮した溶接条件を選択する。

このように、上記損傷を防止するには、鋼種ごとの特異性を認識し、細心の注意を払って作業することが大切である。また、不測の事態を考慮し、溶接後の欠陥検査（磁気探傷（MT）あるいは浸透探傷（PT））を入念に実施することも大切である。詳細は、参考文献[1]～[14]を参照されたい。

オーステナイト系ステンレス鋼の溶接割れ

図2.6(a)はSUS316系ステンレス鋼溶着金属に発生した割れ状況である。(b)は溶着金属の金属組織であり、100％オーステナイト地に複雑形状の割れが発生している。この割れ原因は何だろう？

オーステナイト系ステンレス鋼SUS316系鋼は304鋼に比べ溶接割れ（凝固割れ）が発生しやすい[15]。これは前述の図1.7より読取ることができる。すなわち一般に、オーステナイト系ステンレス鋼の溶接は溶着金属中のδ-フェライト含有量が最低限2％以上となるよう配慮することが大切である。しかし、Ni含有量の多いSUS316およびL材は、δ-フェライト含有量が0％となりやすい。δ-フェライトが存在しない溶着金属は、

③ 溶接法

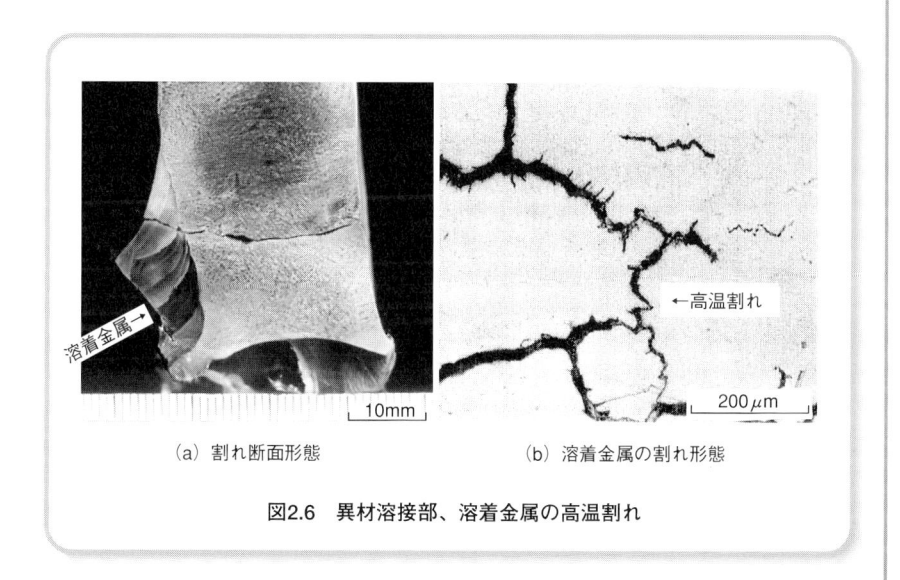

(a) 割れ断面形態　　(b) 溶着金属の割れ形態

図2.6　異材溶接部、溶着金属の高温割れ

　溶着金属が凝固する過程でPやS不純物が基地中に残留することで、高温割れが生じやすい。

　バックシールが不十分だと、大気中のNが溶着金属中に取り込まれ、Ni当量の増大に伴い、ますますδ-フェライト含有量が低下し割れが発生しやすい。前述の図1.7に見られるように、溶接割れは、SUS316、SUS347、SUS310などδ-フェライト量が0％の鋼種に対し、高温割れが発生しやすいので注意すべきである。

　割れ損傷の防止策は、図1.7を参考としてCr当量とNi当量のバランスに配慮した溶接棒材の選択および高温割れが生じにくいよう大規模溶接を避けるなど溶接方法に配慮することが重要である。また、可能であれば（P+S）含有量が0.045％以下の母材を選択することも有効である。

SUS347安定化オーステナイト系ステンレス鋼の溶接割れ

　SUS347鋼（Nb添加鋼）製部品の溶接部に割れが発生した。SUS347鋼は安定化オーステナイト系ステンレス鋼と呼ばれ、溶接熱影響部に粒界腐食損傷が生じにくいので好都合であると聞いていた。しかし、問題があるのだろうか？

本鋼は粒界腐食損傷が生じにくい点で好都合な材料であるが、反面、溶接割れが発生しやすい側面もある。Nb添加SUS347安定化ステンレス鋼の溶接に関し以下が知られている[16)][17)]。

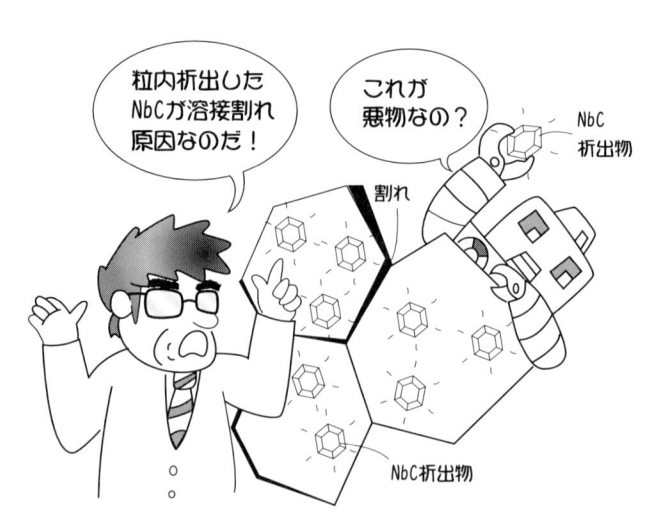

SUS347鋼は溶接割れ（再熱割れ）が生じやすい

③ 溶接法

①溶着金属に近接した母材の熱影響部に粒界割れが発生しやすい。特に溶接作業終了後、870℃前後の安定化熱処理（CをNbCとして固定する）を行った時点で割れが出やすい。

②溶着金属として、SUS347系溶接棒を用いた場合にも同様に割れが発生しやすい。

③本割れの発生は、安定化熱処理により結晶粒内に微細析出したNbCが粒内強度を増大させ、熱処理の加熱・冷却程におけるクリープ変形による塑性変形が、結晶粒界に集中するためと説明されている。

④一方、Ti添加の安定化ステンレス鋼SUS321の場合には、本割れが比較的生じにくい。

割れ防止には、溶着金属が凝固する段階で発生する応力レベルを減少させる目的で、穏やかな溶接条件（入熱量）を選定することが重要である。また、安定化ステンレス鋼を使用する場合、可能であればSUS347鋼に換えて、SUS321鋼を用いるのがよい。

フェライト系ステンレス鋼の溶接割れ

　SUS430鋼（中C含有フェライト系ステンレス鋼）2mm板を用い、突合せ溶接構造で温水貯湯槽を作成した。しかし数週間使用したら、溶接ビードに沿って水漏れが発生した。水漏れ部分を検査したところ、溶接ビードに沿った多数の微小割れと粒界腐食が発生していた。なにが原因なのだろう？

　中C含有フェライト系ステンレス鋼構造物の溶接について、以下が知られている[18)][19)]。

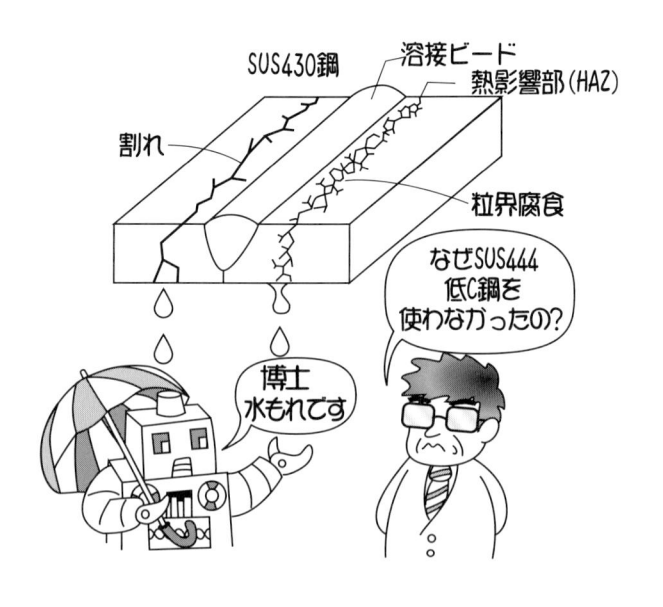

③ 溶接法

　フェライト系ステンレス鋼の熱影響部は結晶粒が粗大化して靭性が著しく低下する。特に、板厚が大きい場合には、著しく脆化する。本鋼の溶接に用いる溶接棒は、基本的に溶接割れ防止を目的として低C共金鋼を使用する必要がある。しかし、本鋼は焼戻しにより硬化しないので製品強度の低下が避けにくい。

　中C含有フェライト系ステンレス鋼の溶接は、溶接割れ防止の目的で、200℃程度の余熱、後熱が必要である。また、用途や製品形状によっては、再熱処理も必要である。適切な再熱処理を行うことで、溶着金属と母材間における不連続な機械的性質が平準化される。また、粒界腐食性の改善にもきわめて有効である。

　炭素鋼などとの異材溶接にはCが拡散しにくいインコネルNi基合金を下地に溶接後溶接する必要がある。この場合には、Cの拡散侵入による浸炭組織の発生がある程度防止できる。

　上記障害を克服するには、溶接熱影響を以下のような方法で軽減するのが好ましい。

①母材は、基本的に1mm以下の薄板を使用する。
②入熱量の少ない溶接法を採用し、時間をかけ穏やかに溶接作業する。
③200℃の余熱および後熱を実施する。

　近年、Cr、Mo含有量を増やし、CおよびN含有量を減らし、さらにNb、Tiを添加したフェライト系ステンレス鋼、SUS444、SUSXM27などが開発された。これらの鋼種を用いれば、上記の問題点の多くから開放される。また、溶接棒としてSUSXM27系材料を使用することも有効である。

マルテンサイト系ステンレス鋼の溶接割れ

高C含有13Cr-2Niマルテンサイト系ステンレス鋳鋼品を共金を用いて溶接した。その結果、溶着金属に溶接割れが発生した。その原因は何だろうか？

この溶接作業は、大型鋳鋼品であるため、作業上の制約から余熱温度を高く設定できず、余熱温度が100℃以下で溶接作業を行わざるを得なかった。その結果、溶接割れが発生したものと推測される。

一般に、13Crマルテンサイト系ステンレス鋼の溶接に関しては、以下が知られている[20]。

マルテンサイト系ステンレス鋼の溶接は、溶着金属が冷却過程でマルテンサイト変態し硬化する。そのため、C含有量が多くNi含有量が少ない鋼種では、冷却速度が大きい時に、高硬度マルテンサイト相が生成し、低温割れが発生しやすいことが知られている。

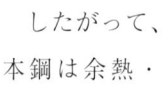

したがって、本鋼は余熱・

③ 溶接法

後熱、パス間温度などを十分管理しない限り、溶接割れが発生しやすいと認識すべきである。C＞0.05％の場合には、余熱温度を100℃以上にすべきである。さらに、50℃程度の保温と後熱を行うことも割れ防止に必要である。

溶接割れの防止には、可能な限り余熱温度を高温にして溶接すべきである。後熱も十分に行う。また、溶接条件（入熱量を抑制）も可能な限り穏やかに行う。

可能であれば、使用鋼種をNi含有量を高めた13Cr-3～5Niマルテンサイト系ステンレス鋼（CA6NM相当鋼）に変更するとよい。本鋼の溶接作業は、余熱温度が室温であっても、溶接割れが発生しにくい。後熱も実質的に不要である[21]。

ステンレス鋼の異材溶接割れ

　手元にあった純銅製ベース上にSUS304鋼製部品を乗せ突合せ溶接作業を行った。その結果、SUS304部品母材に割れが生じ破断した。図2.7（a）は本溶接部の外観である。割れはSUS304鋼材における銅と接触した地点を起点として発生し、SUS304鋼母材を貫通している。（b）は割れ発生地点近傍の断面形態である。SUS304鋼の結晶粒界に沿って銅が侵入し、割れが進行している。このような現象が存在するのだろうか？

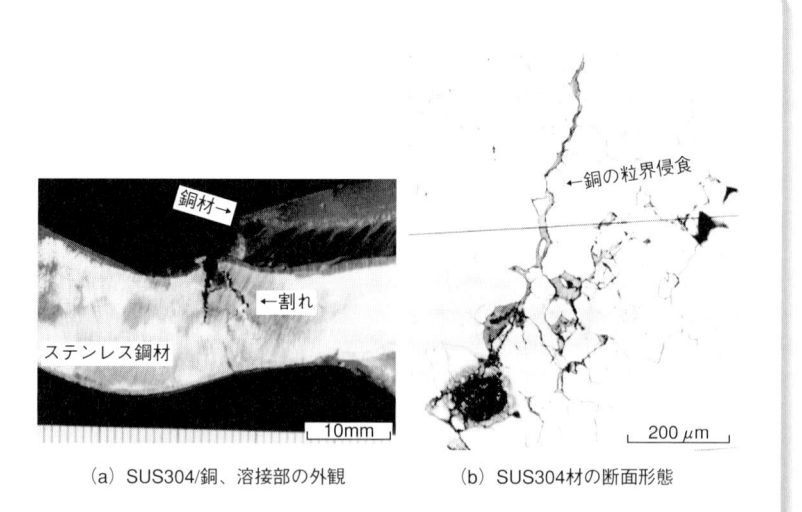

（a）SUS304/銅、溶接部の外観　　（b）SUS304材の断面形態

図2.7　SUS304鋼/銅、異材溶接部に発生した割れ形態

③ 溶接法

損傷形態より、損傷原因は粒界脆化割れと思われる。この損傷には以下の特徴が知られている[22)][23)]。

ステンレス鋼は、銅や亜鉛（Znめっき、ジンクリッチペイント）と接触した状態で高温に加熱、溶接すると、「粒界脆化割れ」と呼ばれる割れ損傷が発生する。結晶粒界を詳細に分析すると銅（あるいは亜鉛）の侵入が明確に確認される。結晶粒界中に銅や亜鉛が優先的に侵入する機構は液体金属脆化説、原子間結合力の低下説、などで説明される。

オーステナイト系ステンレス鋼には、本損傷が発生しやすいが、マルテンサイト系ステンレス鋼や炭素鋼にはほとんど発生しない。本損傷は以下により、防止することができる。

①オーステナイト系ステンレス鋼の熱処理や溶接作業では、銅や亜鉛とステンレス鋼を接触させない。

②オーステナイト系ステンレス鋼を亜鉛めっき鋼板やジンクリッチペイント塗装鋼板と異材溶接する場合は、亜鉛めっき膜やペイントを完全に除去する。

③熱処理作業においても、ステンレス鋼部品の作業台や支持材として純銅板や純銅線あるいはZnめっき鋼線を使用しない。

④ 加工法

めっきステンレス鋼、表面処理ステンレス鋼

　ステンレス鋼板を用いて家電品を修理した。最終段階で、リード線とはんだ接続しようと試みたが、全くはんだ接続できない。一体何が悪いのだろうか？

　大気中におけるステンレス鋼表面にはもともと不動態皮膜が存在する。また、加熱すると強固な酸化物が形成され、はんだ濡れ性が著しく阻害されるため、はんだ接続が全く不可能といえるほど困難になる。はんだ付けやロウ付けを比較的容易に行う手法は高温還元性雰囲気中や特殊フラックスを用いつつ作業する方法が知られているが、接合強度信頼性が十分でないケースが多い。一方、対策の1つとして、はんだめっきステンレス鋼の使用が考えられる。この材料に関しては、**表2.4**の資料がある。めっき金属として、Sn-Pbを選べばステンレス鋼といえどもめっき

表2.4　めっきステンレス鋼の種類と付与機能

めっき金属	めっき膜厚	付与機能	適用製品
Cu	50〜100μm	導電性, 下地処理, 接触抵抗減少	リレー, 軸受材, 精密部品
Sn-Pb		はんだ付け性	プリント基板
Zn		耐食性, 塗装性	メタルガスケット
Ni		導電性, 耐食性	接点電子部品, 接点ばね, 燃料電池セパレータ

第2章　ステンレス鋼の物理的、機械的性質

> ステンレス鋼なのに
> はんだ付けできるのは
> なぜか？

はんだめっき
ステンレス鋼

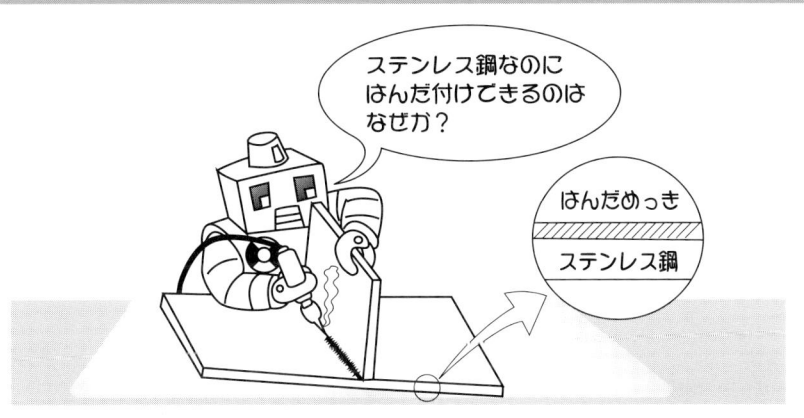

が可能である。また、めっき金属としてCu、Ni、Zn、Crなどを選定すれば、導電性、接触抵抗、耐食性、鏡面仕上げなどさまざまな機能が得られ、ステンレス鋼適用製品の幅が広がる。

「めっきステンレス鋼」の類似材料としてカラーステンレス鋼板、表面処理ステンレス鋼が知られている。前者は$0.1 \sim 0.3 \mu m$の酸化膜を表面に形成させ、干渉色を得たものであり、意匠性と若干の耐候性の改善効果が知られている。後者は屋根用塗装ステンレス鋼板として、SUS304鋼にポリエステル系樹脂、アクリル系樹脂（$20 \mu m$）、フッ素樹脂（$20 \mu m$）、ウレタン変性エポキシ樹脂（$2 \mu m$）、などを塗装することで、耐食性と遮熱性が得られる。本材料は海洋雰囲気中における腐食寿命の延長に効果的である。

近年、光触媒酸化チタンを塗布した鋼板が話題になっており、光触媒効果により、有機物の分解や殺菌効果あるいは親水性や撥水性など従来にない新しい機能が期待される。以上より一般にステンレス鋼板をはんだ接合することは困難である。はんだめっきステンレス鋼板を使用する可能性はあるが、特殊なケースと理解すべきである。

ステンレス鋼板の表面仕上げ法

　海岸に近い大気中で長期間使用したSUS304ステンレス鋼製表示板に無数の点状腐食孔が発生した。この表示板は表面研磨仕上げを行い、定期的に清掃を行っていたにも関わらず腐食孔が発生した。この腐食損傷は防止できないのだろうか？

　大気中におけるステンレス鋼の耐食性は、以下が知られている[24)25)]。海塩粒子が飛散する海洋雰囲気中における一般のステンレス鋼は、微小孔食の発生を完全に防止することが困難である[24)]。しかし、ステンレス

④ 加工法

鋼表面が十分平滑で、清掃が行き届いた場合には、表面凹凸が粗い場合に比べ、塩分など腐食成分が堆積しにくく、腐食孔が発生しにくい傾向がある。また、ドアのノブが腐食しにくい点からも明らかなように、室内環境などでは常に手入れを怠らなければ腐食しにくいのは当然である。

ステンレス鋼種を高級鋼（後述する孔食指数：$Cr+3Mo+16N>35$、図3.1参照）に換えても、点状腐食変色を完全に防止できない。しかし、海洋雰囲気中では孔食深さや発生数が比較的小さく（30μm/3年間）、製品の重大な機能消失にまで発展しにくい製品も多い。

ステンレス鋼の表面仕上げ法はNo.1〜2（脱スケール状態）＞No.3〜4

（粗いベルト研磨）＞#240、#400（#240あるいは#400ベルト研磨）＞BA（光輝焼なまし後、冷間圧延）＞HL（髪の毛状の研磨傷を付与）＞No.7（#600バフ研磨）＞No.8（鏡面バフ研磨）＞電解研磨、硝酸エッチング処理、が知られている。右方向が高級仕上げである。

　これらの研磨法のうち、硝酸エッチング法（安定な不動態皮膜が形成）は孔食発生防止に比較的効果的である。エッチング処理は部品の構造隙間内に処理液を残留させないことがノウハウとして大切である。表面を傷付けることのない製品・用途（屋根材など）には、樹脂系塗装やドライコーティング処理材が、孔食発生防止に有効である。裸材に比べ、腐食寿命が10年程度延長される場合も経験されている。

　以上より、海洋環境では、ステンレス鋼板の表面仕上げや清掃により、微小孔食の発生を完全に防止することは困難であるが、孔食発生期間の延長や腐食量の減少に対して意味がある。したがって、長期間に亘る損傷を防止するには、樹脂系塗装やドライコーティング処理材を使用すべきである。

④ 加工法

ステンレス鋼の鋳造性と鋳造欠陥

図2.8(a)はオーステナイト系ステンレス鋳鋼製部品の断面状況である。複雑な形状の部品では、部品固有地点に鋳造欠陥が発生している。(b)は欠陥部分の拡大であり、鋳造欠陥固有の樹枝状晶に沿った欠陥が見られる。鋳造欠陥の発生原因は何だろうか？

ステンレス鋼の鋳造欠陥を減少させるには、以下の手法が知られている[26]。ステンレス鋼は炭素鋼に比べ凝固温度範囲が広く、融着、収縮巣が発生しやすい。鋳造欠陥の発生防止には、分留まりを犠牲にしても押湯量を十分大きく採るなど、鋳造工学に基づき鋳造方案に細心の配慮が

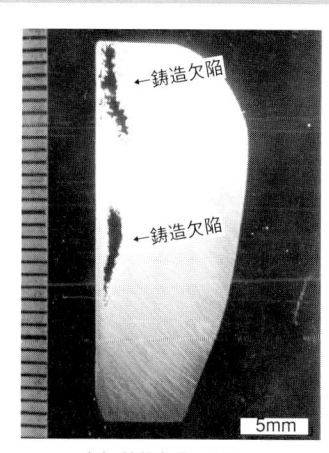

(a) 鋳鋼部品の断面 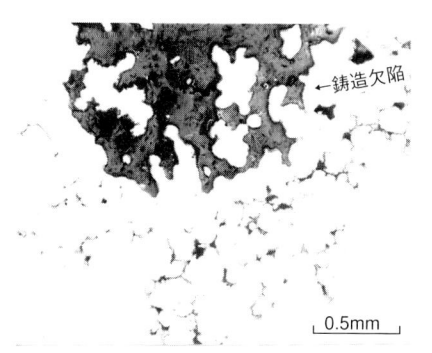　　　(b) 欠陥部分の拡大

図2.8　ステンレス鋳鋼部品の鋳造欠陥

必要である。特に過剰な厚肉鋳物としないことが重要である。図2.8の部品に発生した鋳造欠陥は、これらの点に見落としがあったのかもしれない。部品が強度メンバーの場合、鋳造欠陥は、部品強度が低下するに留まらず、疲労破壊や隙間腐食の起点になり、重大な破壊へと発展することがある。鋳造工学手法に基づき、鋳造欠陥の発生を可能な限り抑制する必要がある。

次に、不可避に発生した鋳造欠陥は、補修溶接することで無欠陥に仕上げる必要がある。ただし、オーステナイト系ステンレス鋼の場合は、大規模な補修溶接を行うと溶接熱影響により溶着金属近傍が鋭敏化される。したがって、補修溶接後は再固溶化処理することを基本としなければならない。マルテンサイト系ステンレス鋼の場合は、延性、靭性、溶接性に優れる低C-12Cr-4〜5%Ni鋼が実用的である。本鋼を用いることで余熱温度が室温程度でも補修溶接が可能であり、数十トン〜数百トンにも及ぶ超大型鋳鋼品の製造が容易となる[27]。

④ **加工法**

ステンレス鋼の鋳造性と浸炭現象

　図2.9(a)はオーステナイト系ステンレス鋼鋳物製羽根車の外観である。腐食性環境中で使用することで、部分的に著しい局部腐食が発生している。(b)はその鋳肌面直下における金属組織である。結晶粒界に沿って浸炭が生じており、いわゆる鋭敏化組織になっている。何が原因だろうか？

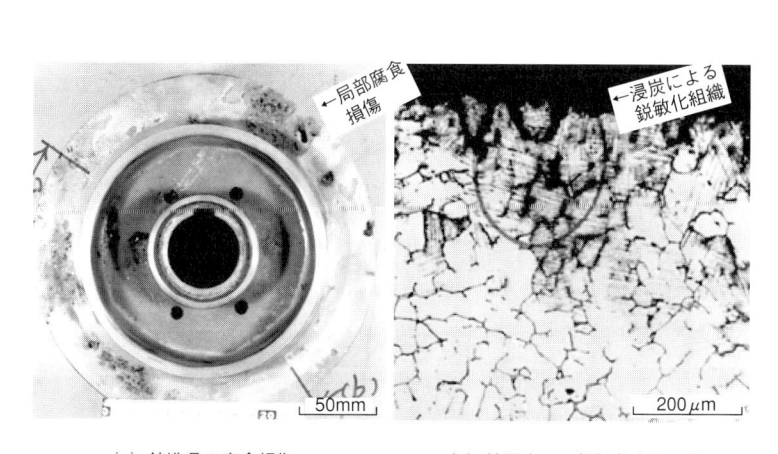

(a) 鋳造品の腐食損傷　　　(b) 鋳肌直下の鋭敏化金属組織

図2.9　有機バインダ鋳型を用いたステンレス鋼鋳造品の粒界腐食損傷

損傷はステンレス鋳物固有の浸炭現象と思われる[28]。すなわち、有機樹脂バインダ（フラン樹脂、リノキュア樹脂）を用いた鋳型を用い鋳造作業を行うと、鋳型表面の炭化した樹脂と溶湯が接触し、鋳肌直下が浸炭する現象である。この現象は、ステンレス鋼成分が低C、高Crの場合、および肉厚が厚いほど発生しやすいことが知られている。浸炭したCは、高濃度なので固溶化処理を行っても鋭敏化状態が解消されにくく、いわゆる鋭敏化組織になることで粒界腐食が発生しやすくなる。

　ステンレス鋳鋼の製造には有機樹脂バインダを用いた鋳型を使用しないことが重要である。やむを得ず使用する場合は、ジルコンサンド特殊塗付剤を鋳型表面に塗装する。

　浸炭現象は、ステンレス鋼の熱処理段階でも発生する場合があり、製品を炭素鋼製支持台と接触状態で高温に曝すと、接触部分が浸炭することがある。本現象は窒化現象についてもほぼ同様であり、ステンレス鋼の鋳造や熱処理作業には、使用治工具にも細かな配慮が必要である。

④ **加工法**

ステンレス鋼の切削加工

　図2.10は海水中で使用されたSUS304鋼材の旋盤加工に沿った局部腐食損傷である。切削加工は切削断面積が$1mm^2/rev$程度の重切削である。その結果、軸長手方向および旋盤目に沿った軸円周方向に局部腐食孔が多数発生した。切削方法によって耐食性が変わるのか？

上記の損傷原因を探る目的で、切削条件と腐食損傷量の関係を試験し

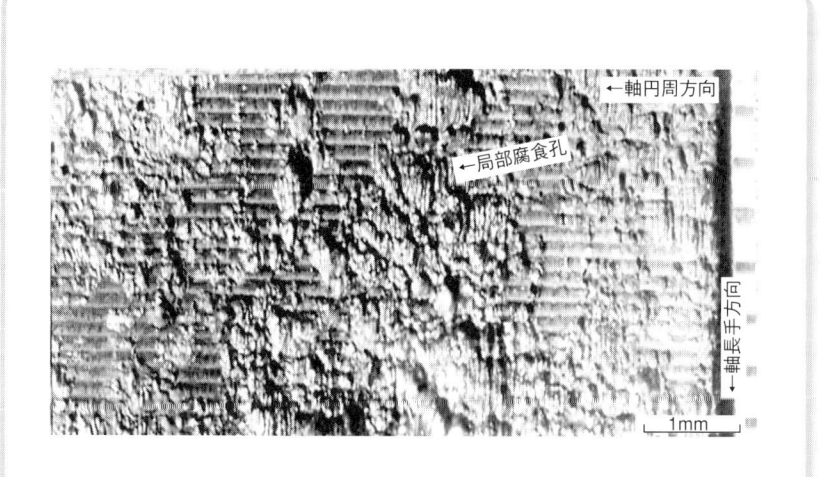

図2.10　SUS304鋼軸材の旋盤加工に沿った局部腐食損傷

た。**図2.11**はその検討結果である[29)30)]。

切削断面積が10^{-1} mm²/rev.以上の重切削では被切削面に加工誘起マルテンサイト相が増し、腐食量も大きな値を示す。次に、切削残面積が10^{-2}〜10^{-1} mm²/rev.の軽切削では加工誘起マルテンサイト相および腐食量が共に減少する。

一方、切削残面積が10^{-3} mm²/rev.程度の超軽切削では、加工誘起マルテンサイト相および腐食量が共に大きな値を示す。本関係は、SUS304-HG（Ni、Cr含有量がJIS規格内で高め）に比べSUS304-LG（Ni、Cr含有量がJIS規格内で低め）の方が顕著である。

以上より、SUS304オーステナイト系ステンレス鋼の切削加工に伴う耐食性の変化は、加工誘起マルテンサイト相の生成量と密接に関連し、表面変形が大きくなる被加工面を強く擦る条件下で切削加工すると、表面の塑性変形が大きくなり、被切削面の耐食性が悪化することが明らかである。図2.10に示した軸材の腐食損傷は切削条件が不適切なために生じたものと思われる。SUS304系鋼において、腐食損傷を回避する切削対策は以下が好ましい。

①SUS304系鋼の切削条件は、重切削あるいは超軽切削を避ける。

④ 加工法

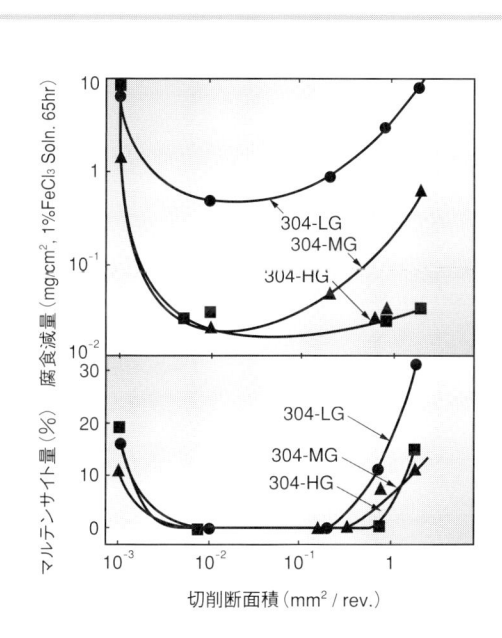

図2.11　SUS304および316鋼における切削加工面直下の加工誘起マルテンサイト量と促進腐食液中における腐食減量

②本鋼の化学組成は、好ましくはNi、Cr含有量をJIS規格内で高めに設定する。SUS304鋼に換えてNi当量が大きいSUS316鋼を選択することも有効である（図1.7参照）。

③切削工具としてサーメットや超硬を用いるとともに工具の表面コーティングや刃先形状にも留意するなどして、切削条件は被切削材に合わせ、被加工面が強く擦らないように配慮する。

難切削ステンレス鋼の切削加工

　図2.12(a)は高C含有高硬度マルテンサイト系ステンレス鋼SUS440Aの研磨割れの状況である。リング端面に多数の半径方向の割れが多数見られる。(b)はそれを拡大であり、不連続な割れがランダムに発生している。研磨手法が悪いと割れるのか？

　こうした割れは、本鋼を高い面圧で高速で摺動した場合にもしばしば観察される。

　一般に、オーステナイト系ステンレス鋼の切削性は悪い。この原因は以下に基づくものと思われる[31]。

　本鋼の切削性は第2章「ステンレスの熱伝導性」の項で述べたように、材料の加工硬化性と伝熱性および材料硬度が重大な影響を受ける。オーステナイト系ステンレス鋼は、加工硬化性が大きく境界摩擦が起こりやすい。また、熱伝導率が低いのでバイト先温度が急上昇し、部材の融解や割れが発生しやすい。

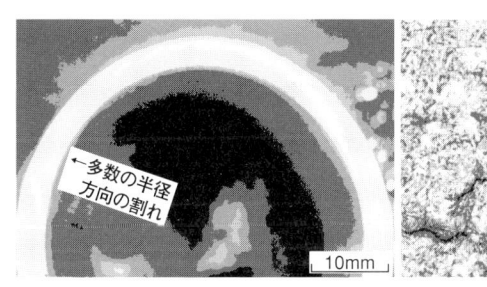

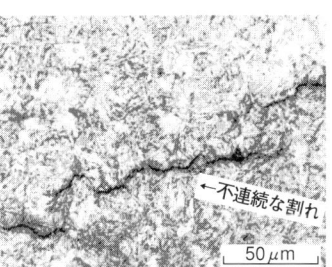

④ 加工法

図2.12 高硬度マルテンサイト系ステンレス鋼の研磨割れ形態（切込深さ＞10μm）

（a）研磨割れ発生地点の外観 — ←多数の半径方向の割れ 10mm
（b）研磨割れの平面形態 — ←不連続な割れ 50μm

　高硬度マルテンサイト系ステンレス鋼（SUS440低温焼戻し材など）では、高硬度のためSUS304と同等の難切削性を有す。
　そのため研磨割れや摺動割れが生じやすいものと推測される。それを防ぐには、以下のような方法が考えられる。
①SUS440A～Cに換えて快削鋼SUS440Fを使用する。
②高硬度になる前段階（低温焼戻し前）で主研削を終え最終切削量を少なくする。
③工具材質として超硬、サーメットなどを用い、最適条件で研削する。
　SUS304などオーステナイト系ステンレス鋼の場合は、被切削性に優れたSUS303（Se添加鋼）、ASTM XM1（Mn、S添加鋼）を選択する。ただし、本鋼は耐孔食性が著しく低いので、強腐食環境には使用できない。

第2章の参考文献

1) ステンレス協会編：ステンレス鋼データブック、p.44、日刊工業新聞社（2000）
2) ステンレス協会編：ステンレス鋼便覧、p.146、日刊工業新聞社（1995）
3) ステンレス協会編：ステンレス鋼便覧、p.172、日刊工業新聞社（1995）
4) ステンレス協会編：ステンレス鋼便覧、p.485〜653、日刊工業新聞社（1995）
5) ステンレス協会編：ステンレス鋼データブック、p.495、日刊工業新聞社（2000）
6) ステンレス協会編：ステンレス鋼便覧、p.519&554、日刊工業新聞社（1995）
7) ステンレス協会編：ステンレス鋼便覧、p.500、日刊工業新聞社（1995）
8) ステンレス協会編：ステンレス鋼便覧、p.925、日刊工業新聞社（1995）
9) ステンレス協会編：ステンレス鋼便覧、p.927、日刊工業新聞社（1995）
10) 日本溶接協会編：ステンレス鋼溶接トラブル事例集、産報出版、p.12〜21（2003）
11) 慶和俊雄、田中治：ステンレス鋼溶接の実際、p.69、産報出版（2000）
12) ステンレス協会編：ステンレス鋼便覧、p.996、日刊工業新聞社（1995）
13) ステンレス協会編：ステンレス鋼データブック、p.551、日刊工業新聞社（2000）
14) 腐食防食協会編：腐食防食ハンドブック、p.102 & 898（2000）
15) 日本溶接協会編：ステンレス鋼溶接トラブル事例集、p.30〜36、産報出版（2003）
16) 日本溶接協会編：ステンレス鋼溶接トラブル事例集、p.43、産報出版（2003）
17) 藤井哲雄：金属の腐食事例と対策、p.115、工業調査会（2002）
18) ステンレス協会編：ステンレス鋼便覧、p.519、日刊工業新聞社（1995）
19) 慶和俊雄、田中 治：ステンレス鋼溶接の実際、p.71、産報出版（2000）
20) 日本溶接協会編：ステンレス鋼溶接トラブル事例集、p.68、産報出版（2003）
21) 腐食防食協会：第104回腐食防食シンポジウム試料、p.241（1995）
22) 日本溶接協会編：ステンレス鋼溶接トラブル事例集、p.15、産報出版（2003）
23) 日本プラントメインテナンス協会編：防錆・防食技術、p.194（1992）
24) ステンレス協会編：ステンレス鋼便覧、p.309、427、844、日刊工業新聞社（1995）
25) ステンレス協会編：ステンレス鋼データブック、p.587、日刊工業新聞社（2000）
26) ステンレス協会編：ステンレス鋼便覧、p.904、日刊工業新聞社（1995）
27) 腐食防食協会第104回腐食防食シンポジウム資料、p.243（1995）
28) ステンレス協会編：ステンレス鋼便覧、p.911、日刊工業新聞社（1995）
29) 尾崎敏範、石川雄一：材料と環境、40、289（1991）
30) 尾崎敏範、石川雄一：材料と環境、40、783（1991）
31) ステンレス協会編：ステンレス鋼便覧、p.1107、日刊工業新聞社（1995）

第3章
ステンレス鋼の化学的性質

サビ サビッ　　　　　　レス助手　　ステイン博士

① 一般的な腐食性

ステンレス鋼の腐食変色

　流し台に缶詰を置き忘れていた。缶詰を持ち上げるとステンレス鋼製流し台の表面がリング状に変色しており、歯ブラシで擦った程度では変色が取れない。一体何が起こったのだろう？

　ステンレス鋼製流し台は、こまめに手入れし表面を清浄に保てば腐食変色しにくい。これはステンレス表面に形成されている不動態皮膜が安定に保たれ、腐食損傷の発生を防止するためである。

　しかし、缶詰や包丁あるいは、醤油や腐敗した食べ物のかすなどが付着したまま放置しておくと、付着物の下は腐食変色することがある。この原因は、つぎのように説明される[1]。

第3章 ステンレス鋼の化学的性質

　付着物の下方の隙間内部は外界からの酸素供給量が不足する。また、缶詰や包丁から発生した鉄錆がステンレス鋼表面に付着すると、その下方は酸素欠乏を助長する。

⇩

　不動態皮膜（含水クロム酸化物）が不安定になる。

⇩

　その地点に塩化物イオンや硫黄イオンが存在すると不動態皮膜が破壊される。

⇩

　腐食し始めた下地を放置すると腐食損傷が継続し、最終的に変色する。最悪の場合には穴明き損傷へと発展することもある。

　このように考えると、本損傷はよく知られている「もらい錆び」によるステンレス鋼固有の腐食変色と思われる。缶詰から発生した鉄錆びは、酸素遮断効果が高く不動態皮膜を不安定にすると共に、アニオンの選択透過作用（塩化物イオンの濃縮に寄与）を有すなど、腐食損傷の発生と継続を助長する。錆びが堆積した地点をネスト(巣)と呼び、放置するとますます大きな腐食損傷に発展しかねない。

　腐食変色を防ぐには、流し台表面に塩、醤油、調味料などが付着・残留しないよう常に清浄に保つこと、また、「もらい錆び」が発生しないように、鉄製品を放置しないように留意することが必要である。

　もし変色してしまったら部分は、速やかに市販の研磨剤や金属ブラシ、サンドペーパーなどで十分擦り、錆び、汚れなどを除去する。表面が清浄になれば腐食反応は停止し、それ以上の損傷に発展することはない。

ステンレス鋼の大気変色

　SUS304ステンレス鋼で犬小屋を作った。数ヶ月使用後、雨が直接当たる屋根はほぼ金属光沢を保っているが、雨が当たりにくいひさし部分には微小な点状腐食が無数に発生した。これって逆では？

　損傷はつぎのように発生したものと思われる[2]。

　ステンレス鋼の大気腐食は大気汚染成分（海塩粒子、SO_x、NO_xなど）の付着に強く依存される。雨が当たる部分は、腐食成分や腐食生成物が雨によって洗い流されやすく、腐食しにくいことが知られている。一方、雨が当たりにくいひさし部分では、付着した腐食成分が長期にわたり蓄

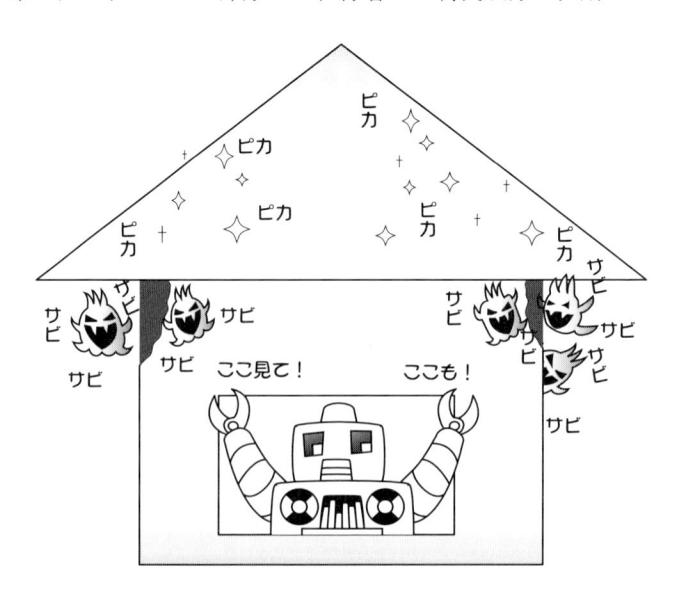

第3章 ステンレス鋼の化学的性質

① 一般的な腐食性

積されるので腐食反応が継続して生じ腐食変色へと進行しやすい。

図3.1は、海洋雰囲気中に3年間暴露した場合における各種ステンレス鋼の最大孔食深さである[3]。図より、つぎの点が明らかである。

① 海洋雰囲気中における市販ステンレス鋼の耐食性は、完全に抑制することができない。孔食指数、$Cr+3Mo+16N$が35程度の高級鋼種においても抜本的に改善されない。

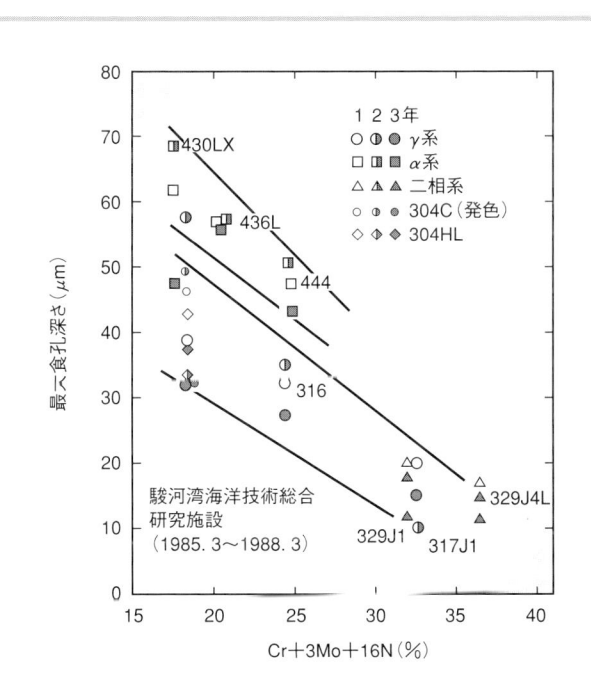

図3.1 無塗装ステンレス鋼の実海域暴露後の最大食孔深さと孔食指数の関係[3]

② これらの孔食深さは比較的小さくSUS304鋼グレード（Cr＋3Mo＋16N≒18）で～30μm/3年間程度である。

③ ステンレス鋼の大気耐食性は、表面仕上げ状態により若干改善できる。平滑表面ではブラスト処理に比べ腐食成分の付着・蓄積が生じにくいので、耐腐食変色性が若干改善されることが経験されている。

このことから、腐食変色を防ぐには、多量の海塩粒子が飛散する大気環境中では、屋根材料として通常のステンレス鋼を選択しない方がよいようである。環境条件が優れる田園地帯では、長期間に亘り耐える。

建築用鋼板の耐久性は、チタン〔～0〕＞ステンレス鋼板（SUS447）〔0.2〕＞ステンレス鋼板（SUS304）〔1〕＞Al板〔5〕＞塩化ビニル塗装鋼板＞溶融Znめっき鋼板〔100〕＞耐候性鋼〔1000〕が知られている。左方向が高耐久性、〔　〕内がステンレス鋼を1としたときのおよその腐食減量割合である。これらの関係よりコストパフォーマンスを考慮して材料や板厚を選択すべきである。

なお、炭素鋼の腐食速度は、工業地帯で0.8mm/10年間、以下、田園地帯で0.2mm/10年間、前後である。したがって、美観や多少の減肉が許される部品には、炭素鋼（塗装鋼板）を使用することも可能である[4]。

美的外観を重視するのであれば、チタンあるいはステンレス鋼板（SUS447）を使用する必要があるが、多少の腐食変色が許容できるのであれば、機器の期待寿命を考慮し溶融Znめっき鋼板、耐候性鋼などを選択すべきである。

なお、塗布ステンレス鋼やドライコーティングステンレス鋼が市販されている。これらは寿命延長策として期待できる。

① **一般的な腐食性**

ステンレス鋼の全面腐食性

　図3.2は、若干のスラリーを含む濃厚酸性液中で使用されたステンレス鋼製流体機械インペラの外観である。ステンレス鋼であっても腐食減肉するのだろうか？

　一般に金属が腐食するには、水と酸素あるいは酸が必要である[5]。中性溶液中におけるカソード腐食反応は酸素消費型と呼ばれ、次式で示される。

←羽根の著しい減肉

2cm

図3.2　インペラのエロージョン損傷

O_2(溶存酸素または酸化剤)$+2H_2O+4e^-=4(OH^-)$……【溶存酸素の消費】

一方、酸性液中では水素発生型と呼ばれ、次式で示される。

$2H^++2e^-=H_2$……【水素ガス発生】

ステンレス鋼表面には不動態皮膜が存在するので、淡水のような中性水中で腐食しない。この点が炭素鋼との大きな違いである。しかし、強い酸性液（高温濃厚アルカリ液でも）中に浸漬すると腐食溶解する。

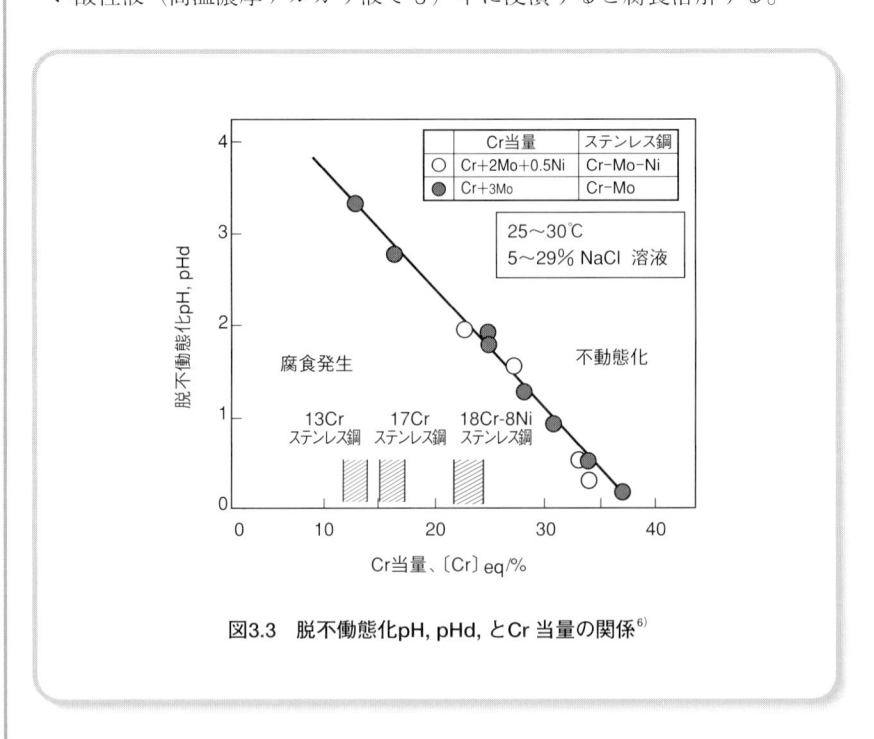

図3.3 脱不動態化pH, pHd, とCr当量の関係[6]

① 一般的な腐食性

では、どの程度の酸性液中で腐食が生じるのか？ 図3.3は、腐食反応が生じる限界のpH値、pHdとCr当量の関係を示したものである[6]。Cr含有量が10％以下ではpHd≒4、13Crステンレス鋼がpHd≒3、18Cr-8Niステンレス鋼がpHd≒2であり、いずれもそれらの酸性側で腐食する。

したがって、濃厚硫酸溶液中（pH＞0）においては、ステンレス鋼と言えども腐食損傷が避けられず、全面腐食（均一に腐食）する。ただし、

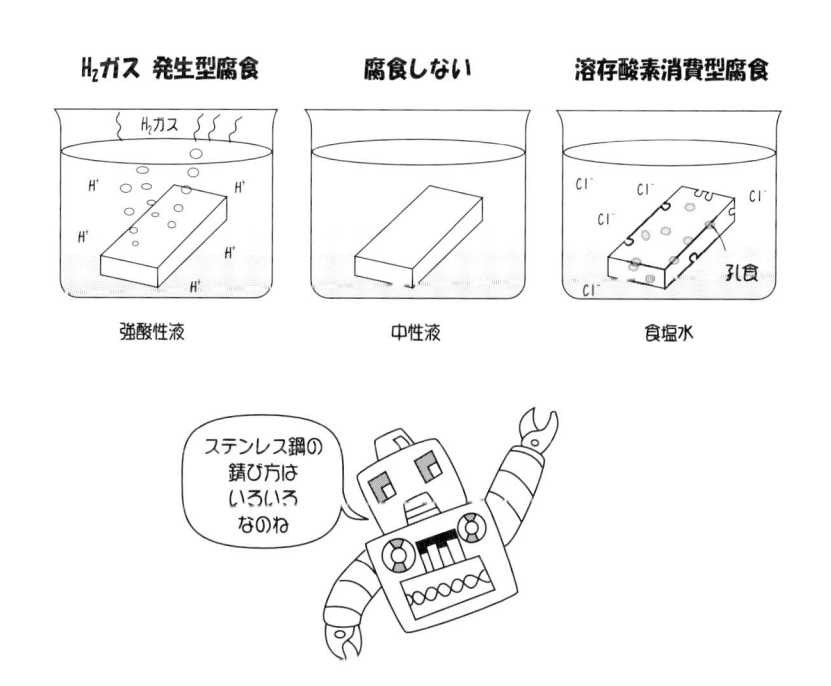

H_2ガス 発生型腐食　　　　**腐食しない**　　　　**溶存酸素消費型腐食**

強酸性液　　　　　　　中性液　　　　　　　食塩水

ステンレス鋼の錆び方はいろいろなのね

ステンレス鋼の腐食速度は、Ni、Mo、Cr、Cuなど合金成分量が増すほど小さくなるので、実使用に際しては高級ステンレス鋼を選択する道が残されている。

　また、化学組成が同程度であれば金属格子の乱れが小さいほど腐食速度が小さく、オーステナイト鋼がフェライト鋼あるいはマルテンサイト鋼より腐食速度が小さく有利である。

　以上のことから、上記の環境中ではステンレス鋼の腐食損傷を完全に防止することができない。しかし、高級ステンレス鋼を選択することで寿命延長を図ることができる。

　ここで、無機薬品中における代表的なステンレス鋼の耐食性については、定量的でかつ広範なデータが収集されている。しかし、薬剤が複雑に混ざり合った実環境中におけるデータは基本的に準備されていない。わずかに知られているデータとして、濃厚硫酸溶液（80℃、50％硫酸＋0.1％塩化物イオン溶液、6hr試験）中における各種ステンレス鋼の腐食速度、耐全面腐食性指数、GI（Cr＋3.6Ni＋4.7Mo＋11.5Cu）により整理され、GI＞60：5mm/年、GI≒30〜50：10mm/年、GI＞10：1000mm/年が知られている[7) 8)]。

　このように、Cr、Ni、Mo、Cu含有量の多い鋼種を選択することで、腐食速度が減少し、使用部品によれば期待寿命を満足するかもしれない。

① 一般的な腐食性

異種金属接触腐食

　図3.4はマルテンサイト系ステンレス鋼製フランジにおけるボルト下腐食損傷である。締め付けボルトおよびナットは、フランジ材質より耐食性に優れるSUS316鋼を用いた。腐食損傷はボルト下に限定され、非常に深く進行しているのが特徴である。強い金属と弱い金属が接触すると、良くないのだろうか？

　一般に、異種金属部品（たとえば、銅板と鉄板）を電気的に接触状態で腐食環境に曝すと、卑電位を有す鉄板の方が優先的に腐食損傷し、他

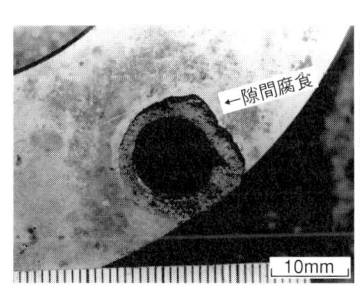

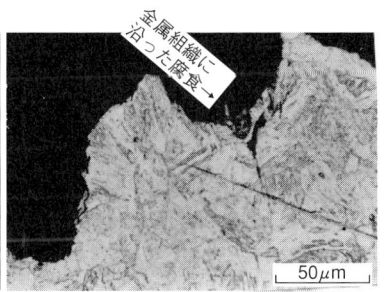

a）隙間腐食損傷の外観　　　　b）腐食地点の断面形態

図3.4　析出硬化型マルテンサイト系ステンレス鋼製部品の隙間腐食損傷

方、貴電位を有す銅板が保護される現象を異種金属接触腐食（あるいは、ガルバニック腐食）と呼んでいる[9) 10)]。

　本現象は環境条件と金属材料で定まる固有の腐食電位差を駆動力として生じる腐食現象である。その腐食速度は材料の種類とその組合せ、部品表面積、部品間距離、環境条件（電気伝導度、腐食性）などに依存する。

　表3.1は本関係の例であり、大面積部品に対して接触させて使用してはならない小面積部品を示している。たとえば、大面積部品にアロイ20

① 一般的な腐食性

表3.1　ガルバニック腐食の両立性と部品配置方法[9]

ボディ部品材料 （大面積部品）	小面積部品材料		
	青銅, 黄銅	Ni／Cu合金	SUS316
鋳鉄	防食される	防食される	防食される
オーステナイト鋳鉄	防食される	防食される	防食される
M, G－青銅, 70/30キュプロニッケル	流速下では溶解しやすい	防食される	防食される
Ni／Cu合金	腐食損傷発生	中間	孔食, 隙間が発生しやすい
アロイ20	腐食損傷発生	中間	孔食, 隙間が発生しやすい

（Ni基合金）を、小面積部品に青銅を用いると、青銅部品が優先的に腐食損傷し、重大な損傷に発展しやすいことを示している[9]。

　以上より、**図3.4**の腐食損傷は低級ステンレス鋼部品の腐食損傷が高級ステンレス鋼と接触することで加速されたものと説明される。一般に、ステンレス鋼の腐食電位は貴電位を有すので、ステンレス鋼の腐食損傷よりも、被接触部品側の腐食に注意すべきである。

　たとえば、同様な腐食損傷は、自動車ボディにおけるステンレス鋼製モール下の塗装鋼板、自転車ではステンレスパイプと接触したアルミパイプが錆びやすいのは、この原理に基づくことが多い。

本構造が避けられない場合は、ステンレス鋼（カソード部材）を塗装することが有効であり、炭素鋼材やアルミパイプ（アノード部材）を塗装するよりも効果的である。また、〔アノード部材／カソード部材〕の面積比が小さくならないように構成することも大切である。

　上記腐食損傷の場合には、ボルト・ナットとフランジ部品が電気的に接続されないように有機材料ガスケットあるいは絶縁ボルトを用いると効果的である。また、ボルト・ナット表面を塗装することも有効である[9]。

　建築用配管の場合は、山手等の努力により、異種金属接触腐食を防止する材料組み合わせが知られている[11]。本資料から、淡水中においてステンレス継手と組合わせると危険なのは、炭素鋼管および黄銅配管であり、ステンレス鋼同士あるいは銅管との接続は重大な障害になりにくいとされている。

第3章 ステンレス鋼の化学的性質

② 局部腐食

海水中におけるステンレス鋼の耐孔食性

図3.5(a)は海水中においてSUS304ステンレス鋼管に発生した孔食である。管内に微小な穴が発生し、チューブを貫通している。(b)はその断面形態であり、孔食の入口は小さく内部が徳利状に広がっているのが特徴である。なぜ孔食状に腐食が生じるのだろう？

孔食断面形態から明らかなように、孔食が徳利状に進行する理由は、自由表面に比べ孔食深部の環境条件が強腐食性であることに起因する。

すなわち、図3.6に示すように、孔食内部でステンレス鋼が溶解すると、孔食内部はFe^{+2}やCr^{+3}などのカチオン濃度が増大する。すると、電

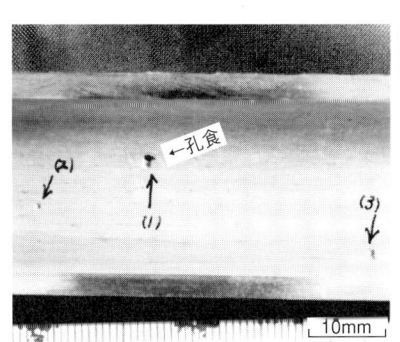

(a) 管内の孔食発生状況　　　(b) 孔食の断面形態

図3.5　SUS304鋼管内面の孔食形態[12]

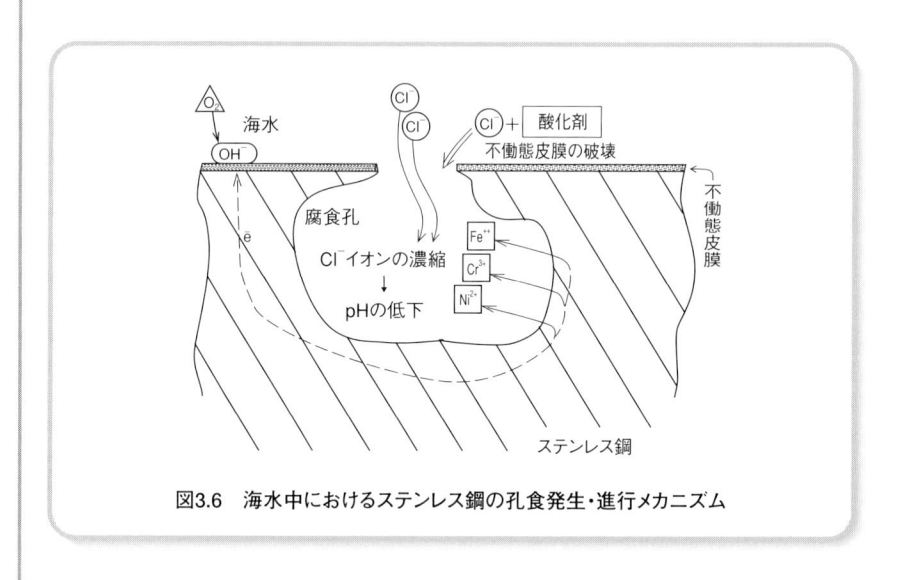

図3.6　海水中におけるステンレス鋼の孔食発生・進行メカニズム

気的中性理論にそって外界からアニオン（Cl⁻イオン）が流入して、孔内部は濃厚塩化物溶液（酸性溶液）が形成され、ますます腐食反応が進行する。その結果、自己触媒的に孔食内部の腐食性が増すことで、溶解反応が継続され、ますます腐食反応が進行し、前述の孔食形状になるものと説明されている[12]。

このように、孔食損傷防止には、耐孔食性に優れた材料を選択することが重要である。**図3.7**はさまざまなステンレス鋼を海水中に半年間浸漬した試験結果である[12]。孔食指数〔Cr＋3.3Mo〕と孔食深さの関係は、右下がりの傾向が見られ、上図（母材の腐食性）より〔Cr＋3.3Mo〕＞35で孔食が発生しないことがわかる。

しかし、SUS304、316鋼程度の合金含有量では孔食の発生が防止でき

② 局部腐食

ない。したがって、海水中で孔食を防ぐには、孔食指数〔Cr＋3.3Mo〕が35以上の高級鋼を選択すべきである。

　一方、〔Cr＋3.3Mo〕＞35の高級鋼種を安価に入手するのは、必ずしも工業的に実用的でない。また、図3.7の下図に見られるように、溶接熱影響を受けると、高級鋼と言えども腐食損傷が避けられない。このように見ると、チタン管、銅合金管、樹脂材料にするとか、いっそのこと腐食代を考慮して厚肉の炭素鋼管にすることも考慮すべきかもしれない。

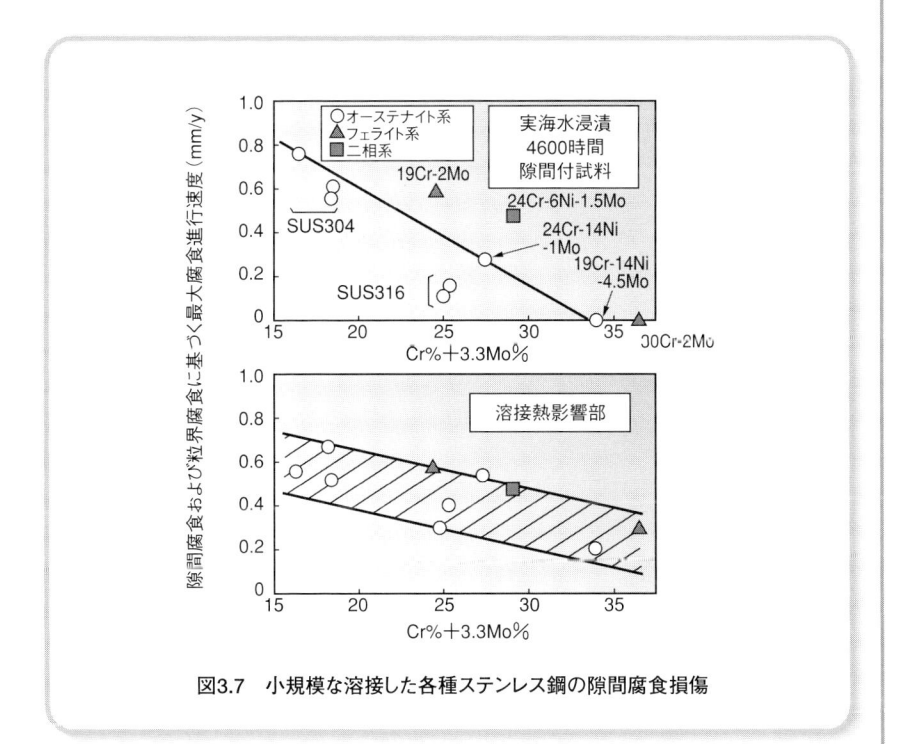

図3.7　小規模な溶接した各種ステンレス鋼の隙間腐食損傷

調理鍋としてのステンレス鋼の耐孔食性

薄肉のステンレス鋼製調理鍋を購入し使用していた。しかし、比較的短期間の使用にもかかわらず穴が開いてしまい捨てざるをえなかった。安物を購入したから？

18Cr-8Niステンレス鋼を用いた家庭用品の腐食挙動に関するデータが見当たらないので、参考として常温海水中における腐食試験データを図3.8に示す[14]。これより、孔食深さは粒界腐食速度に比べ圧倒的に小さいものの、その絶対値は〜2mm/年と比較的大きい。

ここで、調理鍋は、味噌、醤油などの高濃度食塩水を高温で使用し、料理を入れたまま長時間放置することも多い。また加熱状態では板厚方向に熱勾配が与えられることを考慮すると、ステンレス鋼を鍋材料として使用する場合には、その構造や器具の手入れ・管理法に配慮が必要と思われる。

また、ステンレス鋼に孔食が発生する台所環境因として、サラシ粉や次亜塩素酸系家庭用洗

② 局部腐食

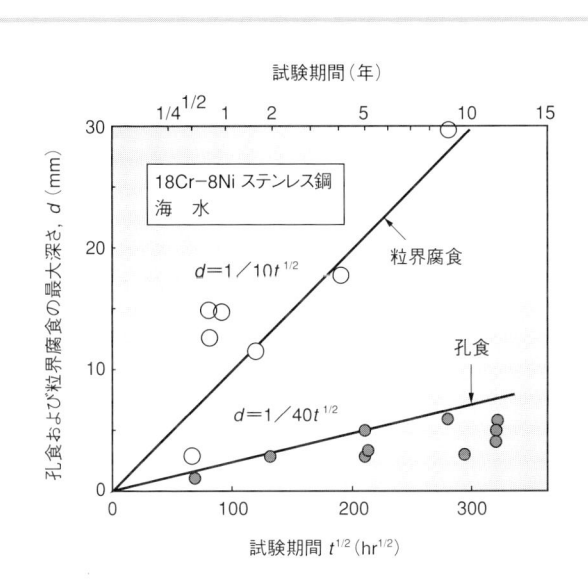

図3.8　海水中における18Cr-8Niステンレス鋼の孔食および粒界腐食の進行状況[14]

剤などが知られている[15]。次亜塩素酸塩を使用すると、酸化性で酸性の環境が形成され、その薬液中に長時間曝されると容易に腐食変色する可能性がある。さらに特殊な有機化学液、濃厚NaOH溶液においても、孔食が発生することが知られている[16]。

こうしたことから、ステンレス鋼に孔食を発生させる環境が身近な日常生活用品に存在することが理解される。上記の調理鍋の穴あき現象は、図3.8から推測する限り、数mmの肉厚があれば数年間は耐えたのかもしれない。

ステンレス鋼の天敵はフジツボ

　図3.9はSUS304鋼板の隙間腐食損傷である。(a)は部品外観状況、(b)はその断面、(c)は隙間腐食地点の断面拡大写真である。これを見ると、隙間腐食は海洋生物、フジツボの付着下より発生し、材料内部で横方向に進行し、板厚を貫通する勢いである。フジツボの下だけ優先的に孔があくのはなぜだろう？

　フジツボ、ムラサキ貝、カキなどは、粘液物質による付着あるいはセメント物質を分泌し、あらゆる材料にきわめて強固に付着する。付着しやすさは材料にほとんど依存せず、ステンレス鋼であろうと樹脂であろ

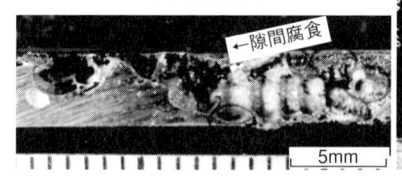

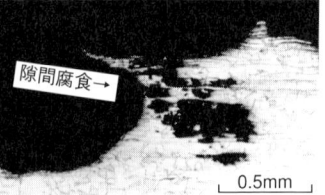

図3.9　SUS304鋼製板材における海生物の付着に伴う隙間腐食損傷

② 局部腐食

表2.3 9年5ヶ月間海水浸漬試験した試料の最大孔食深さ[19]

	母　材	溶接部
SUS316L、溶接試験片	3mm以上	1.95mm
26Cr-4Mo-Ni-LC、溶接試験片	局部腐食なし	1.55mm

うと、また表面が平滑であろうと関係なく容易に付着する[17]。

その結果、それらの付着下には隙間が形成され、海水中では隙間腐食の発生源になる。また、付着生物が死滅すると、タンパク質が腐敗することによって硫化物など強腐食性成分が発生し、ますます隙間腐食の発生が容易となるようである。

常温海水環境における隙間腐食発生とステンレス鋼組成の関係を図3.10に示す[18]。図より、CrおよびMo含有量がともに少ない合金組成において、隙間腐食が発生し、SUS304、316などは、隙間腐食発生領域に位置している。一方、25Cr-4Mo鋼やDP-3などは隙間腐食不発生領域に位置している。ここで、これらの鋼種の実海水浸漬試験結果を表2.3に示す[19]。

本データより、SUS316Lは母材、溶接部ともに著しく腐食しており、26Cr-4Mo-Ni-LC母材は隙間腐食していないものの、溶接部は熱影響により鋭敏化されきわめて大きな腐食損傷を受けている。

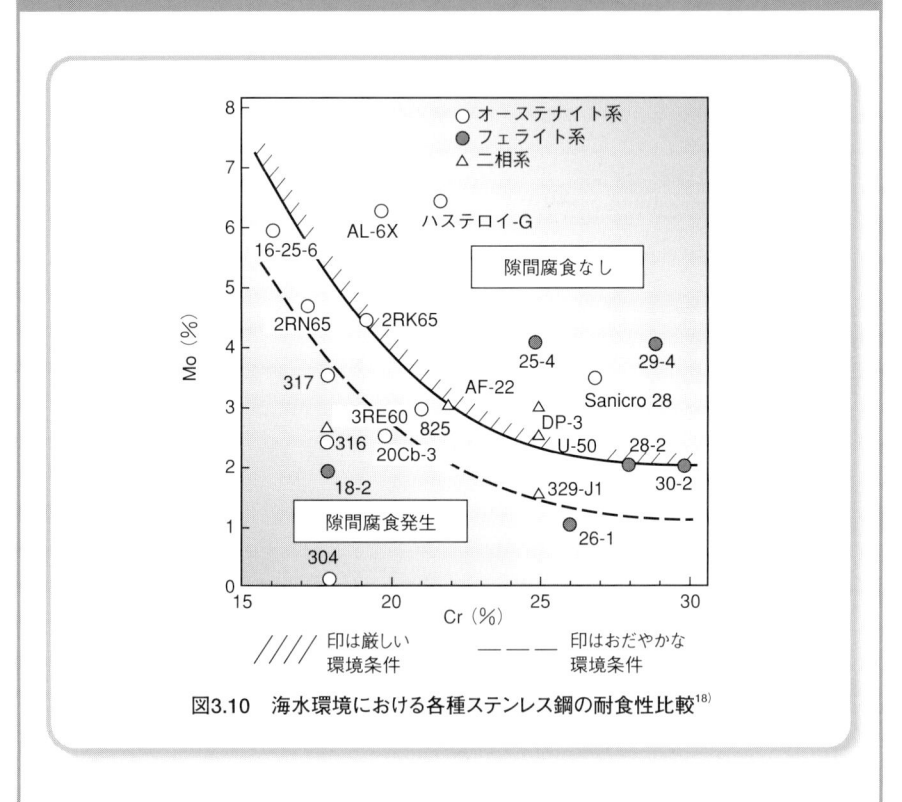

図3.10 海水環境における各種ステンレス鋼の耐食性比較[18]

以上から、実海水中においてSUS304ステンレス鋼が激しい隙間腐食損傷を発生したのは、避けにくい現象である。上記データを尊重すると、26Cr-4Mo-Ni-LC鋼を無溶接で使用すれば、かろうじて隙間腐食から免れる。しかし、溶接構造をとる限りかなりの腐食損傷が避けられない。

なお、電気防食が適用できれば十分な効果が期待されることが知られている。火力発電設備における復水器では、DP-3クラスのステンレス鋼を使用し、電気防食を併用することで長期にわたる信頼性を確保している。

② **局部腐食**

ステンレス鋼の隙間腐食

　図3.11は強転造加工で製作したSUS304鋼製ナットを海水中で使用して生じた隙間腐食損傷である。(a)はナットの外観、(b)は腐食地点の断面金属組織である。腐食損傷は圧延組織や金属組織中の非金属介在物(MnS)に沿って著しく深く進行している。このような激しい腐食の生じる原因は何だろう？

　表3.3は、海水構造物に使用される各種金属材料の隙間腐食性である[20]。表より、「隙間腐食なし」と分類される材料はハステロイ、チタンなど高級材料に限定され、コスト面から必ずしも一般工業製品として実用的でない

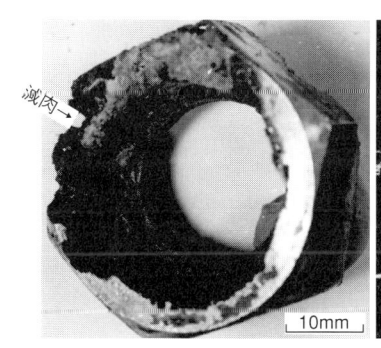

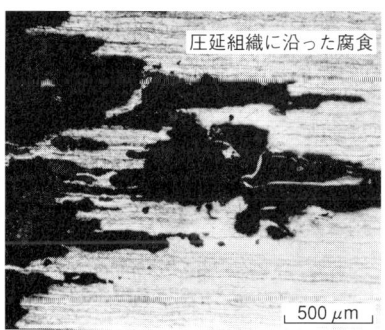

(a) ナットの外観　　　(b) 腐食地点の金属組織

図3.11　強加工したSUS304鋼製ナットの腐食損傷

ことが多い。一方、SUS304、316は最下位に分類され、その使用は多少の腐食損傷が許容される大型部品や交換頻度が多い特定製品に限定される。

ここで注目される点は、鋳鉄、炭素鋼が「隙間腐食抵抗中」と分類されていることである。すなわち本鋼は、自由表面が優先的に腐食することで、隙間内部の腐食は比較的少ない。つまり、多少の全面腐食による減肉が許容できる構造物であれば、鋳鉄、炭素鋼を使用することも考慮すべきである。こうした点を考慮すると、海水構造物における隙間腐

表3.3　海水構造物に使用される各種材料の隙間腐食性[20]

耐隙間腐食性	主 な 材 料
隙間腐食　なし	ハステロイC，Ti※，インコネル625
隙間腐食抵抗大	90Cu-10Ni / 70Cu-30Ni　青銅，黄銅
隙間腐食抵抗中	ニレジスト鋳鉄，鋳鉄，炭素鋼
隙間腐食抵抗小	インコネル823，カーペンター20　モネル，銅
激しい隙間腐食発生	SUS304，13Crステンレス鋼　SUS316，Ni-Cr合金

※高温海水中（>80℃）では隙間腐食発生

② 局部腐食

食防止策は、既成概念にとらわれることなく材料選択の幅を大きくとらえることが重要である。

つぎに、熱交換器構造物では、チューブと管板間に隙間腐食が生じることがあるが、この損傷を防止するには、管板にチューブを拡管挿入した後、隙間を埋めるべくシール溶接することが有効である。また、配管フランジ部分においてもタイトな隙間を構成しないようガスケット材質やその形状に配慮が必要である[21]。ここで、ガスケット材質による隙間腐食の発生しやすさは、アスベスト（塩化物を含有）＞有機ゴム＞シリコンゴム（柔軟性が大）の順に減少することが知られている[21]。

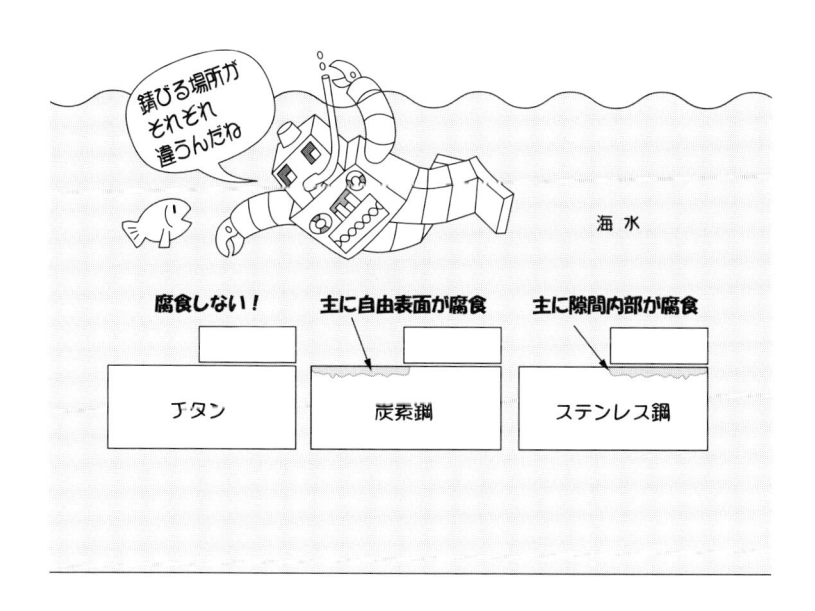

ステンレス鋼の粒界腐食

図3.12は熱処理が不適切であったSUS316鋼板の粒界腐食損傷である。(a)は損傷の外観状況である。(b)は腐食地点の金属組織であり、粒界腐食損傷特有の結晶粒界に沿った腐食溶解が見られる。このように腐食する原因は何だろう？

前述の図3.8に示したように、粒界腐食損傷は孔食に比べ発生すればきわめて激しい腐食損傷となるのが特徴である。

ここで粒界腐食とは、金属の結晶粒界に沿って腐食が進行する現象である。その損傷原因は、結晶粒界近傍が前もって腐食しやすい鋭敏化状態（Cr欠乏層の形成）が準備されているためである。この状態は、熱処

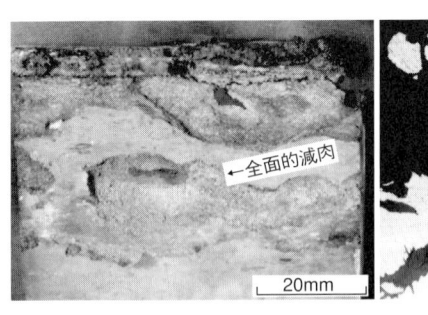

(a) 板材の外観　　　　　(b) 腐食地点の金属組織

図3.12　SUS316鋼製板材の粒界腐食損傷

② 局部腐食

理や溶接熱などにより鋭敏化温度域と呼ばれる600℃前後に加熱されることで、鋼中のCとCrが反応し結晶粒界上にクロム炭化物を形成する反応に関連している。すなわち、クロム炭化物の近傍にはCr濃度の低いクロム欠乏層（腐食しやすい地点）が形成されるために損傷が生じる。

図3.13は各種ステンレス鋼における加熱温度―時間―鋭敏化の関係である[22]。ここでは低温度側より、フェライト系、マルテンサイト系およびオーステナイト系の各ステンレス鋼について、鋭敏化領域（C曲線の右側）域を示した。各ステンレス鋼の鋭敏化域は、鋼種ごとにさまざまな温度域である点に注目すべきである。同一鋼種におけるC曲線の位置はC含有量が多いほど短時間側に移動し、わずかな加熱により鋭敏化されやすくなる。

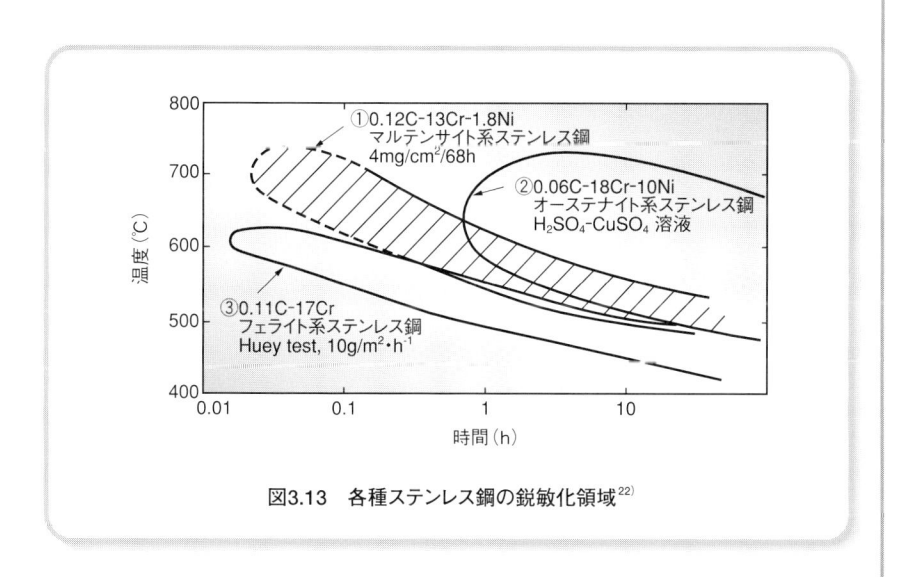

図3.13　各種ステンレス鋼の鋭敏化領域[22]

図3.14は、化学組成がほぼ同等なオーステナイト系ステンレス圧延鋼と鋳鋼の違いである[23]。圧延鋼に比べ鋳鋼のC曲線は1桁程度短時間側に移動し、鋭敏化しやすいことを示している。この原因は鋳鋼の結晶粒が圧延鋼に比べ10倍程度大きく、かつ鋭敏化しやすいδ-フェライト/オーステナイト粒界を有するためと思われる。

　つぎに、溶接に伴い溶着金属に近接した母材が500〜800℃に加熱されることで、粒界腐食しやすくなった地点をHAZ（熱影響部）と呼んでいる。この鋭敏化状態を解消するには、950〜1050℃で再加熱（再固溶化

② 局部腐食

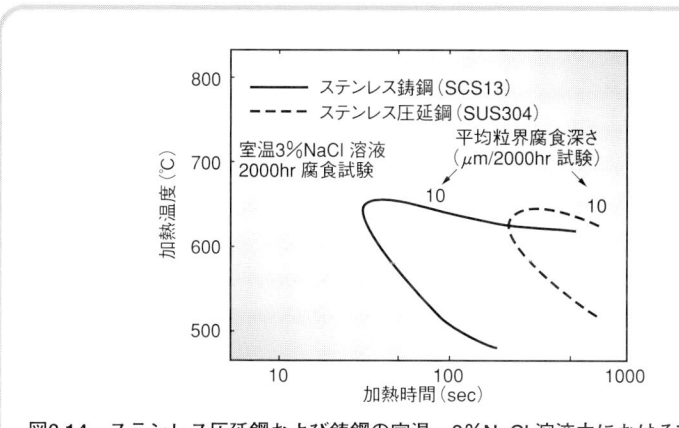

図3.14 ステンレス圧延鋼および鋳鋼の室温、3%NaCl溶液中におけるTTS特性[23]

処理）すればよい。クロム欠乏層にCrが拡散し、Cr濃度が回復することで、粒界腐食性が消失する。

粒界腐食損傷を防止するには、C含有量の少ないL型ステンレス鋼（SUS304L、316Lなど）あるいは、安定化ステンレス鋼（クロム炭化物の生成を抑制する成分、Nb、Tiを添加した鋼）を選択することが有効である。

以上より、前述の粒界腐食損傷は、図3.13に示した鋭敏化温度域に誤って熱処理されたためと推定される。オーステナイト系ステンレス鋼における粒界腐食損傷原因は、熱処理不良あるいは溶接熱影響が一般的である。

上述の図3.12における損傷部分には溶接箇所が見当たらないことから、熱処理不良が原因と思われる。よって、損傷対策は熱処理条件を再検討すべきである。

ステンレス鋼溶着金属の優先腐食

　図3.15はオーステナイト系ステンレス鋼溶着金属を起点とした局部腐食損傷である。図3.16(a)は溶着金属の断面写真、(b)はその拡大である。これを見ると、母材はそのままで溶着金属が優先溶解しているのが特徴である。この原因は何だろう？

図3.15　溶着金属欠陥を起点とした局部腐食損傷

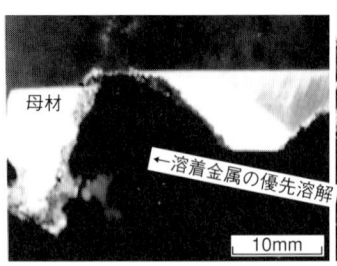

(a) 溶接部の断面　　(b) 腐食地点の金属組織
図3.16　SUS304鋼溶着金属の優先腐食

② 局部腐食

図3.17 SUS304鋼の溶着金属と母材の耐食性に及ぼす熱処理の影響[24]

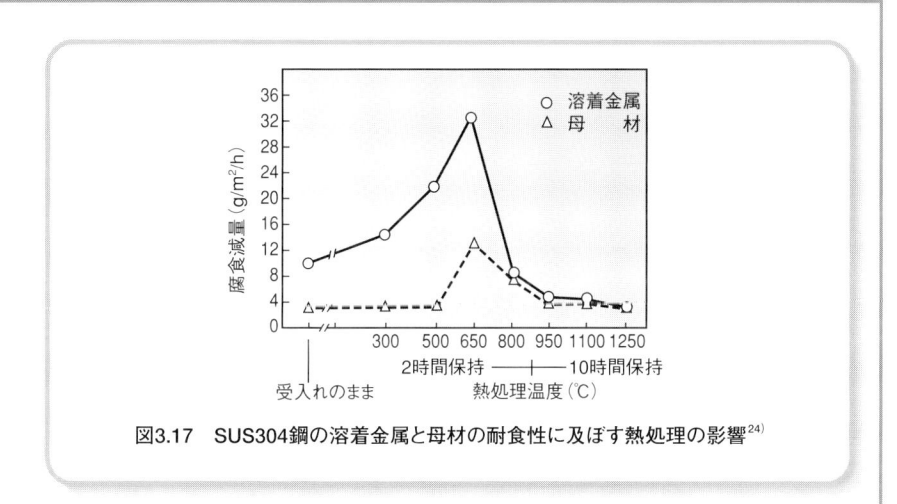

図3.17は、SUS304鋼の母材と共金を用いた溶着金属の耐食性に及ぼす熱処理の影響である[24]。図より、受入れのまま（溶接状態）における腐食量は、母材に対し溶着金属が高い値を示している。これは溶接熱影響に伴い溶着金属が鋭敏化したためであり、母材に比べ溶着金属が優先溶解しやすいことを示している。この傾向は熱処理温度が300～800℃まで変化しても変わらない。熱処理温度が800℃以上の場合は、両者の値がほぼ一致している。この温度域に加熱されることで、鋭敏化状態が解消（再固溶化処理）されたことを示している。

以上より、母材と溶着金属の化学組成がほぼ同じ場合には、溶着金属が優先溶解しやすいことに注意すべきである。こうした腐食損傷を防止するには、溶着金属の化学組成を母材に比べ若干高合金化する必要がある。具体的には、母材に対し、溶接棒材料のNiおよびMoをそれぞれ2～3％多めに添加した材料を使用すべきである。

③ 腐食割れ

ステンレス鋼の応力腐食割れ

図3.18は熱交換器用SUS304鋼管に生じた応力腐食割れ(Stress Corrosion Cracking：SCCと呼ばれる)損傷である。(a)は鋼管の外観である。割れは鋼管の一部に発生した孔食を起点として発生し円周方向に進行している。(b)は割れ起点近傍における断面形態である。孔食底から粒内割れが発生している。ステンレス鋼は割れるのか？

一般にステンレス鋼製部品の腐食損傷発生頻度は応力腐食割れ損傷41％、

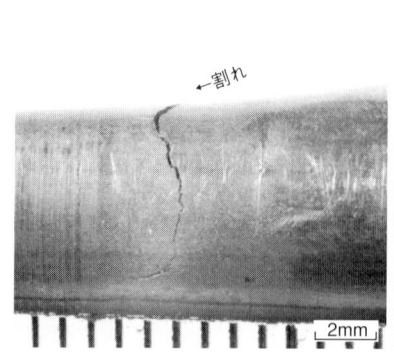

(a) SUS304鋼管の外観 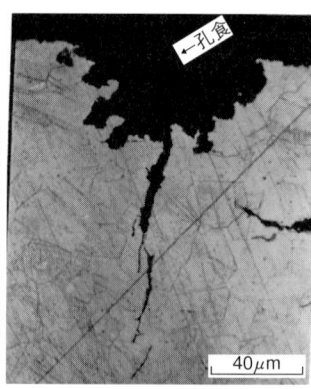　　(b) 割れ起点部分の断面形態

図3.18　SUS304鋼管の孔食を起点とした応力腐食割れ

第3章 ステンレス鋼の化学的性質

次いで孔食29％、全面腐食9％、粒界腐食8％、他13％との資料がある[25]。ステンレス鋼における応力腐食割れ損傷事例は、原子力産業、化学工業から一般家庭用品にわたるさまざまな装置・部品において幅広く知られている[26]。

応力腐食割れ発生環境は、強腐食性環境ばかりではなく、100℃程度の淡水など身の回りの比較的緩やかな環境でも発生するのが特徴である。各種ステンレス鋼の応力腐食割れ特性は、参考となるデータが数多く知られている[27)28)]。

一般に、応力腐食割れ損傷は、後述するように①応力、②腐食環境、③使用材料の3点セットが固有の条件を満足したときに発生する現象であり、以下を改善することで発生を防止できる。

① 応力条件

付与外力の低減、残留応力の低減（焼なまし、ショットピーニング）などが有効である。

② 腐食環境の緩和

次項で述べるように、腐食性成分濃度の低減や使用温度の低下などが好ましい。また、電気防食や異種金属接触腐食理論に基づき腐食電位を変えるべく接触させる組合せ部品材料の選択も有効である。

③ 使用材料

耐応力腐食割れ性に優れた材料を選択すること。材料の鋭敏化が割れ発生源となる粒界応力腐食割れの場合には、鋭敏化除去熱処理も有効である。

塩化物環境における耐応力腐食割れ性（塩化物応力腐食割れと呼ぶ）は、オーステナイト系ステンレス鋼の場合、SUS304 ＜ SUS316 ＜ SUS310 ≒ SUSXM15J1（右方向が優れる）の序列である。

また、塩化物環境中で割れ感受性が高いオーステナイト系ステンレス鋼に代えてSUS444などのフェライト系ステンレス鋼を選択することも絶大な改善効果がある。

以上より、応力腐食割れ損傷を防止するには、応力、材料、環境のいずれか1つ、あるいは全部を割れ抑制方向に移動することが必要である。一般の機械構造物の場合には、付与応力条件と使用環境条件の変更が困難な場合が多いので、使用材料を割れ感受性の低い材料に変更するスタイルが多い。具体的には、淡水使用の温水器などの場合、SUS304に代えてSUS310、SUSXM15J1、SUS444あたりを選択することで実績を上げているケースが多い。

③ 腐食割れ

オーステナイト系ステンレス鋼の応力腐食割れ

　SUS304鋼を用いて家庭用電気温水器を溶接構造で製作した。数ヶ月間使用した後、溶接部に沿って粒界割れと粒内割れの混在した応力腐食割れが発生した。割れ形態は図3.18に近似している。使用環境が飲料水のように緩やかな腐食環境なのに、なぜ割れたのだろうか？

　一般に塩化物を含む環境中におけるオーステナイト系ステンレス鋼の応力腐食割れは、材料に応力が付与されすべり変形するとき、主に結晶粒内の腐食しやすい地点（交差すべり地点）が連続的に形成され、その地点が割れ状に優先溶解することで生じる現象である。割れは60℃以上の温水を取扱う熱交換器管や高温海水取扱機器に発生する。

　高温淡水中における応力腐食割れが発生する環境は、図3.19に示すいわゆる西野図が知られている[29]。図より、割れが発生する温度—塩化物イオン濃度範囲（図中●印）は、70℃および100℃においてそれぞれ塩化物イオン濃度は10^4および10^3ppm以上である。したがって、温水器使用水として塩化物イオンが多い淡水に遭遇した場合には、応力腐食割れの発生する可能性がある。

　温水器における応力腐食割れは、気液界面や構造隙間などにおける隙間腐食や孔食を基点として発生することが経験されている。したがって、本損傷の発生を抑制するには可能な限り隙間構造をとらない、隙間サイズを小さくする、応力除去焼なましを加え付与応力を減少させるなど、

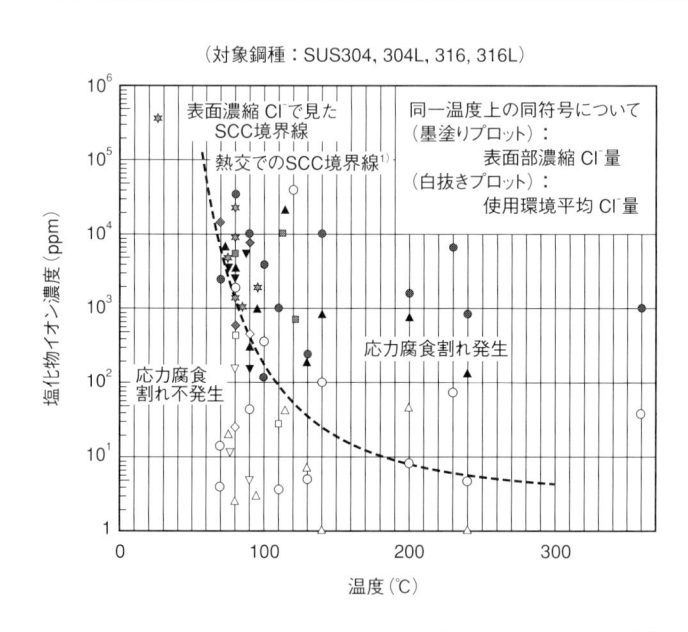

図3.19 オーステナイト系ステンレス鋼の応力腐食割れ発生環境条件[29]

細かな配慮が必要である[30]。

図3.20は促進腐食液中におけるSUS304鋼と316鋼の応力腐食割れ試験結果である[31]。割れ発生の限界温度で比較するとSUS304鋼に比べMoを2％含有する316鋼が高温側にあり、実用的意味が大きい。

つぎに粒界に沿って割れの生ずる粒界応力腐食割れが知られている。この割れは、熱影響により当初から結晶粒界にクロム欠乏層が形成されており、外力が付与されることで、結晶粒界に沿って割れ状に優先溶解

③ 腐食割れ

する現象である。低炭素鋼L材の割れ感受性が低いことが知られているが、これは溶接熱の付与に伴い鋭敏化しにくいためである。本割れ損傷は原子力発電用機器配管（288℃高純度水）や、化学プラントの塩化物を含む保温材下（外面応力腐食割れと呼ぶ）割れなどが知られている。また、高温水を取扱う化学工業や石油精製関連機器における応力腐食割れ損傷も多数報告されている[32)～34)]。高温水中における粒界型応力腐食割

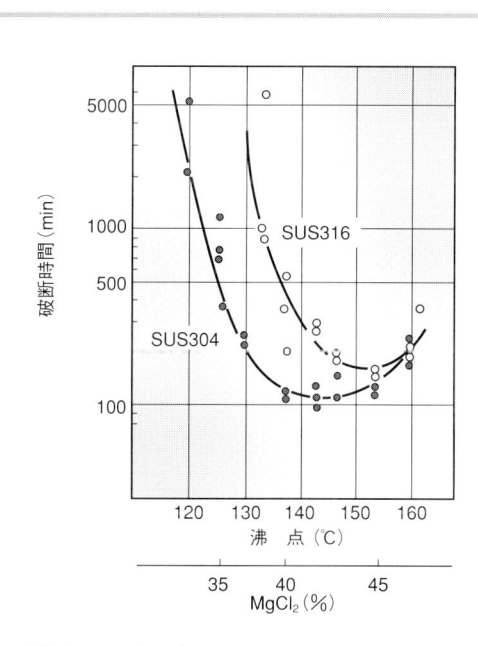

図3.20 高濃度$MgCl_2$溶液中におけるSUS304鋼および316鋼の応力腐食割れ感受性に及ぼす試験溶液濃度の影響[31)]

れの発生は、塩化物イオンの存在が不用であり、材料が鋭敏化していれば高温純水中で十分割れが生じる。そして、288℃純水中では溶存酸素濃度が0.1ppm以上存在すれば、割れ発生電位を満足する。したがって、このような環境中では、使用水中に水素ガスを注入する水管理が重要である。

つぎに特殊な事例としては、SUS304鋼製の温水プール天井支えボルトが応力腐食割れした例が知られている。使用環境は30℃以下の室内環境であり、図3.19の西野図からは応力腐食割れが生じない環境と規定できるが、結露水滴中にはプール殺菌用のカルキ成分である次亜塩素酸塩が高濃度で溶解し、強い酸化性雰囲気を形成したことで、割れ発生環境に達したものと説明されている[35]。

以上より、上述の家庭用温水器における粒内割れと粒界応力腐食割れが混在した損傷は、塩化物応力腐食割れおよび溶接熱影響に基づく粒界応力腐食割れが併発したものと推測される。

対策は、オーステナイト系ステンレス鋼に変えて塩化物応力腐食割れ感受性が小さく、かつ低炭素鋼であることから、鋭敏化しにくいフェライト系ステンレス鋼SUS444鋼を使用することである。本手法はすでに実機採用され効果が確認されている。

③ 腐食割れ

オーステナイト系ステンレス鋼の外面応力腐食割れ

海洋雰囲気に曝されている化学プラント装置配管において、管外面より応力腐食割れが発生した。管外面は外観上乾いており、応力腐食割れが発生する環境とは思えない。原因はどこにあるのか？

SUS304オーステナイト系ステンレス鋼製構造物において海洋雰囲気に曝される機器の外面、あるいは配管の保温材下などに応力腐食割れが発生することが経験されている。本割れ現象は外面応力腐食割れ（ESCC）と呼ばれ、以下の特徴がある[36) 37)]。

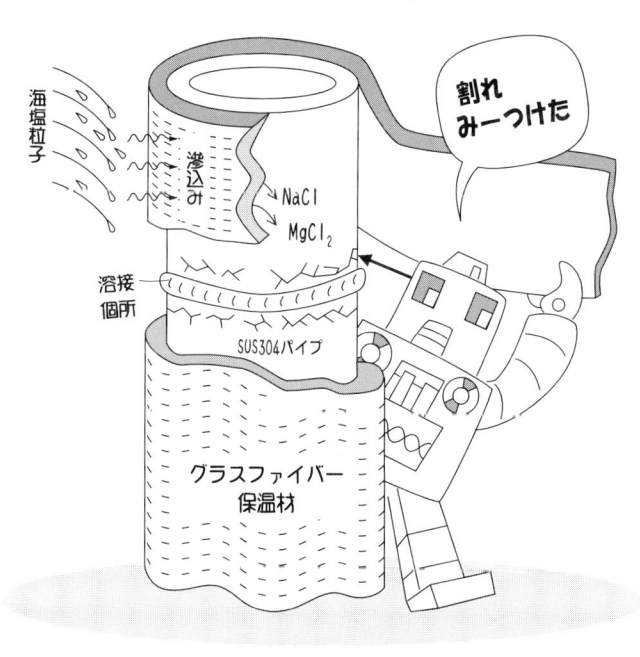

①割れは主に溶接熱影響部に発生(粒界応力腐食割れ)するが、非熱影響部から割れる(粒内応力腐食割れ)こともある。

②海塩粒子が付着し雨で洗い流されにくい部分に割れが発生しやすい。

③保温材の下で発生しやすい。この理由は、グラスファイバー系保温材が海塩粒子を捕捉・蓄積しやすく、ウレタン系保温材の場合は難燃剤としてTCEP(塩化物イオンを数千ppm溶出する)を含むためである。

④大気中湿度の影響は不思議にも80％RH以上よりも、低温度の40％RH前後の方が割れを発生しやすい。その原因は、高湿度においては海塩粒子中のNaClおよび$MgCl_2$がともに潮解しているのに対し、低湿度では割れを促進する$MgCl_2$のみが潮解状態にあることで酸性の強腐食性環境条件を形成するためと推測される。したがって、配管外面が一見乾燥しているように見える環境こそが実は最も強い腐食性環境を形成していたためと説明される。

こうした損傷を防ぐには、まず材料側対策として、図3.20に見られるようにSUS304に代えてSUS316、好ましくは低C鋼の316Lを使用することが有効である。また、環境側対策として機器外面を塗装・被覆すること、配管表面や保温材に海塩粒子や雨水が侵入しないよう外カバーを取付けることも有効である。

また、保温材に塩化物を含有しないもの(ガラスフォーム、ケイ酸カルシウムなど)を使用したり、可溶性ケイ酸塩を添加した保温材を使用する手法も有効である[38]。

③ 腐食割れ

マルテンサイト系ステンレス鋼の応力腐食割れ

　図3.21はマルテンサイト系ステンレス鋼製高温水機器部品の応力腐食割れ損傷である。(a)は割れ発生状況の外観状況であり、2本の割れがキリ孔から半径方向に延びている。(b)は割れ断面の拡大であり、旧オーステナイト粒界およびマルテンサイト相に沿って溶解しつつ割れが進行している。マルテンサイト系ステンレス鋼でも応力腐食割れは生じるのだろうか？

　図3.22は、13Crマルテンサイト系ステンレス鋼における応力腐食割れ発生の材料側条件である[39)40)]。ここでは、数種類の13Cr鋼を用い熱処理条件を変化させた場合の応力腐食割れ感受性（○：割れない、●：割

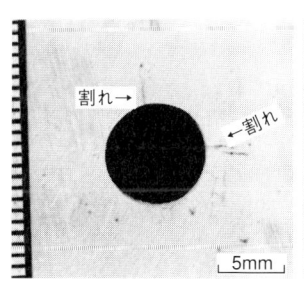

(a) 割れ発生部品の全景　　　(b) 割れの断面形態

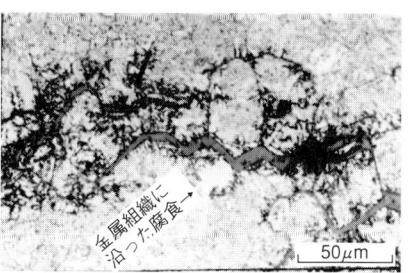

図3.21　マルテンサイト系ステンレス鋼製ボルト穴加工部品の応力腐食割れ

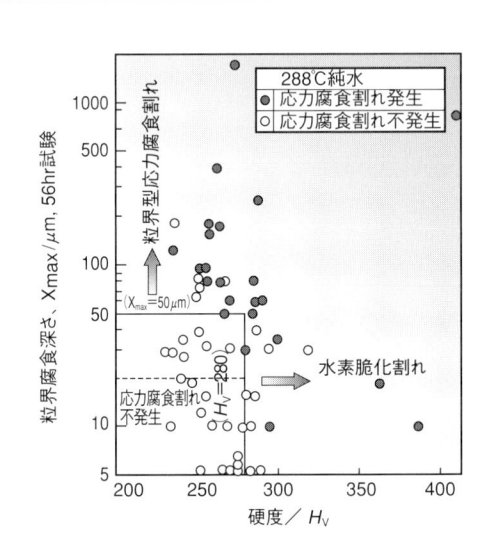

図3.22 Ni含有13Cr-マルテンサイト系ステンレス鋼の高温水応力腐食割れ性に及ぼす粒界腐食性と材料硬さの影響[39)40)]

れ発生）を示した。

図を見るとマルテンサイト系ステンレス鋼の硬度が$H_v>280$において、水素脆化割れ（HE）が発生している。また、粒界腐食性感受性が50μm/56hr試験、以上で粒界型応力腐食割れ（IGSCC）が発生する。そして、それらを共に満足しない領域では、水素脆化割れ、粒界型応力腐食割れともに発生しない。

マルテンサイト系ステンレス鋼をこの安全域に位置させるには、材料の化学組成と焼戻し条件を最適化する必要がある。C含有量が0.06％以上、ま

③ 腐食割れ

た、Ni含有量が4〜5％以上の13Crマルテンサイト系ステンレス鋼では焼戻し条件を選択しても本性質が得にくい。

　以上のことから、上記損傷部品の割れ発生原因は、材料の化学組成あるいは焼戻し条件が不適切であったためと推測される。防止策は、図3.22の安全領域を得るべく、上述の化学組成を選択するとともに650〜700℃の焼戻し条件を選定することである。

ステンレス鋼の水素脆化割れ

図3.23は高硬度高C含有マルテンサイト系ステンレス鋼製部品を高温水中で使用した時の破損状況である。(a)は破断面状況であり、割れが写真上方より凹部底を起点として脆性的に発生しているのが特徴である。(b)は割れ起点の拡大であり、コーナー部に生じた複雑形状の孔食を起点として脆性的に進行している。この割れは何だろうか？

一般に、高硬度なマルテンサイト系ステンレス鋼（たとえばSUS410）は、試験片に所定の外力を掛けた状態で、硫化物を含む3.4％NaCl溶液中でカソード分極すると、付与応力が比較的小さくても水素が鋼中に注入され数時間以内に割れが発生し脆性的に破断する。これが水素脆化割

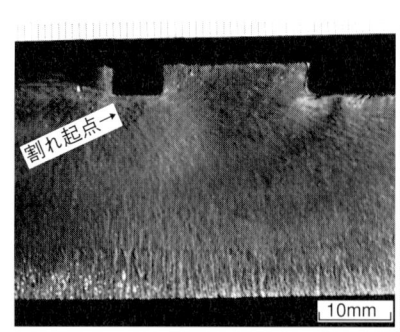

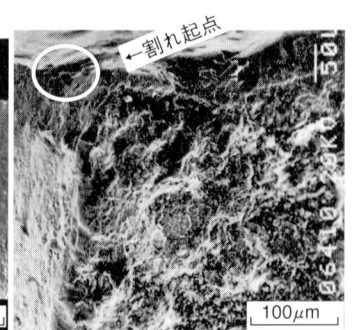

(a) 破断面　　　　　(b) 割れ起点の拡大

図3.23　高硬度マルテンサイト系ステンレス鋼製部品の破断状況

③ 腐食割れ

れ（HE）現象である[41]。この水素脆化割れの機構は、高硬度鋼中に侵入した水素が平面歪場中で集積し材料を脆くすることで脆性的に割れる現象であり、水素ガスが原因であるだけに割れ発生後に明確な根拠がつかみにくい。

図3.24は、3％NaCl溶液中における17-4PH鋼の水素脆化割れ感受性である。材料硬さが$H_v>320$において、腐食孔を基点として割れが発生している。この割れ形態は脆性的であり、図3.23の損傷部品における割れに近似している。

実構造物として知られる例としてガスタービン動翼における応力腐食割れ現象の場合、つぎの経路で進行する[42]。

①環境中へ海水リーク成分が蓄積 ➡ ②部材表面に付着・濃縮 ➡ ③孔食の発生 ➡ ④割れ発生・進行 ➡ ⑤破断

この場合も、腐食環境の悪化に伴い発生した孔食を起点として割れが発生している。すなわち、これは孔食内部（酸性）における水素発生反応および孔食による応力の切欠け作用に基づき割れが発生したものである。

以上のことから、上記損傷は、①材料条件として高硬度鋼、②環境条件として孔食発生環境、③応力条件として過大な応力が付与されることで水素脆化割れが発生したものと推察される。

損傷対策は材料、環境、応力のいずれかを改善すべきである。実用的な対策は、図3.24に見られる思想にそって低強度材を使用することが好

（見えないH₂が割れになるのか！）

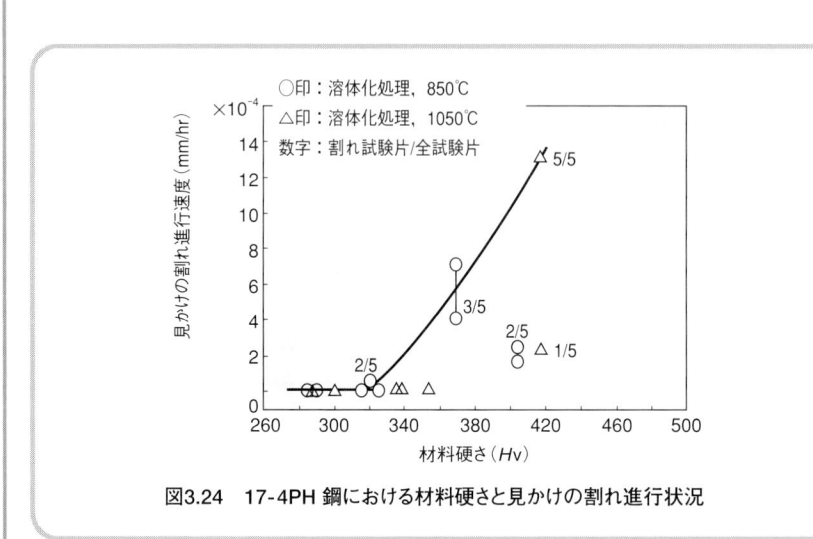

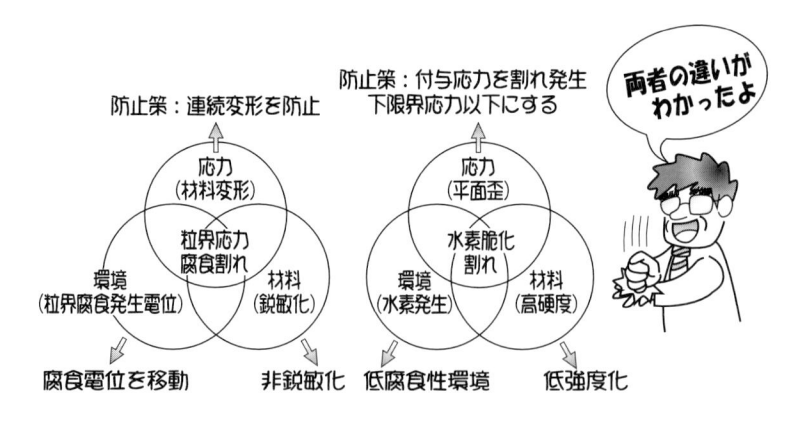

図3.24　17-4PH鋼における材料硬さと見かけの割れ進行状況

ましい。摺動性能の確保を目的とし、高硬度での使用が避けにくい場合は、その硬度レベルを必要最低限に留めることが最も大切である。また、好ましくは付与応力条件やその切欠き作用が十分小さくなるように部品のマクロ形状にも配慮して設計すべきである。

第3章 ステンレス鋼の化学的性質

④ その他の損傷

ステンレス鋼のエロージョン損傷

　図3.25はマルテンサイト系ステンレス鋼製羽根車に生じたキャビテーション・エロージョン損傷である。(a)はその外観状況であり、損傷発生地点がインペラ内の流体力学条件により、羽根車前縁下方の特定地点に限定され深い穴が発生している。(b)はその断面形態であり、キャビテーション・エロージョン損傷固有の複雑な断面形状を示している。この損傷の防止策はどうすればよいのだろうか？

ステンレス鋼のキャビテーション・エロージョン損傷は、高速流でかつ圧力差の大きい弁体構造物などにおいてもしばしば経験され、図3.25の損傷形態に近似している[43]。ここで、流体機械におけるキャビテーシ

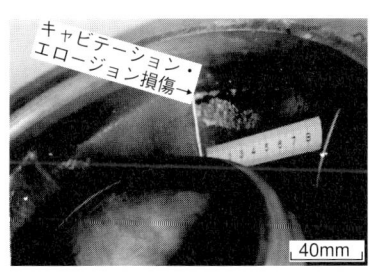

(a) 羽根車前縁下流地点に発生した損傷　　(b) 損傷部分の断面形態

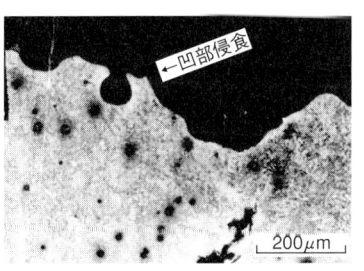

図3.25　マルテンサイト系ステンレス鋼製羽根車に発生した
　　　　　キャビテーション・エロージョン損傷

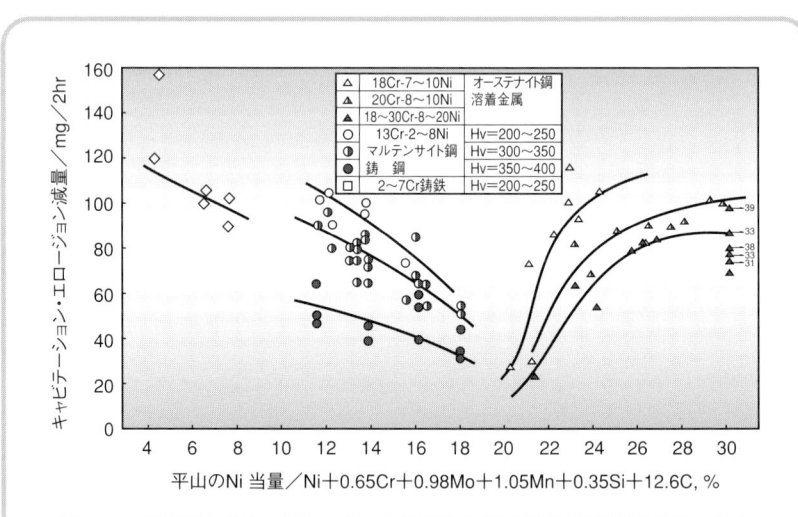

図3.26 電歪振動式キャビテーション試験における粒体機械材料の耐CE性と平山のNi当量の関係[44)]

ョン・エロージョン損傷を抑制するには、基本的に機器の流体条件の変更を最優先すべきである。しかし、すでに完成した機械の全体構成を変更することは困難なことが多いので、簡易的に部品材料を変更する手法も実用的なことが多い。

　図3.26はステンレス鋼の材料組成とキャビテーション・エロージョン損傷量の関係である[44)]。ここでは、鋳鉄（□印）、マルテンサイト系（○印）およびオーステナイト系（△印）ステンレス鋼について示した。本図より、鋳鉄は低硬度であることから、損傷量が大きく、マルテンサイト

④ その他の損傷

系ステンレス鋼は、平山のNi当量が18に近づくにつれて損傷量が低下する傾向を示している。また、オーステナイト系ステンレス鋼の損傷量は、平山のNi当量が20前後で最も少なくなる傾向を示している。この理由は、この組成の材料がキャビテーション衝撃により硬質な加工誘起マルテンサイト相を材料表面に生成し、キャビテーション衝撃に抵抗性を示すためと考えられている。すなわち、平山のNi当量が18以下ではすでにマルテンサイト相が形成されており、新たにマルテンサイト相が形

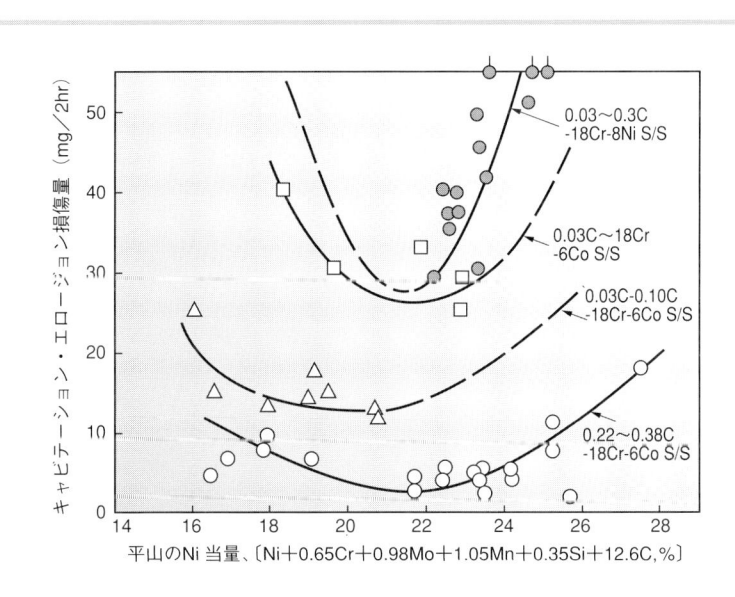

図3.27 8Cr-8Ni鋼および18Cr-6Co鋼における耐キャビテーション・エロージョン性と平山のNi当量の関係[44]

成されることがない。また、24以上ではオーステナイト相が金属組織学的に安定であり、加工誘起マルテンサイト相が形成されない。その結果、18～24においてのみ加工誘起マルテンサイト相の生成条件を満足する。したがって、材料組成はこの20前後地点を目指した合金組成が好ましい。

　図3.27は、最も硬質な加工誘起マルテンサイト相を生成すべく、Coを添加しC含有量を3段階に変化させて合金組成を最適化したオーステナイト系ステンレス鋼のキャビテーション・エロージョン性である。ここでは、C含有量を0.03％、0.08～0.10％および0.22～0.38％の3段階に分類して示した。その結果、C含量が高くCoを添加した0.22～0.38C-18Cr-6Co鋼の損傷量は、低C鋼に比べ損傷量が格段に少なく、平山のNi当量が22前後で18Cr-8Ni鋼の1/10程度まで減少させることが可能である。

　上述の羽根車損傷品は、Ni当量が12から18に位置したマルテンサイト系ステンレス鋼であり、キャビテーション・エロージョン損傷が抑制しにくい合金組成であった。この損傷品のキャビテーション損傷を抑制するには、現在のマルテンサイト系ステンレス鋼に換えて平山のNi当量が22前後となる18Cr-8Niオーステナイト系ステンレス鋼に変更することが有効と思われる。また、可能であれば0.22C-18Cr-6Co鋼を採用するとさらに効果的と思われる。

第3章 ステンレス鋼の化学的性質

④ その他の損傷

腐食疲労

　図3.28はマルテンサイト系ステンレス鋼製軸材の腐食疲労状況である。(a)は軸材の破断面である。キー溝底に生じた孔食を起点として割れが進行しており、そのマクロ形態が貝殻模様を示していることからも、腐食疲労破壊と思われる。(b)は割れ起点地点の拡大である。深さ1mm程度の孔食が複雑に重なり合って発生しており、応力集中源として十分なサイズに成長していることが確認できる。このような腐食疲労破壊の効果的な防止策はあるのだろうか？

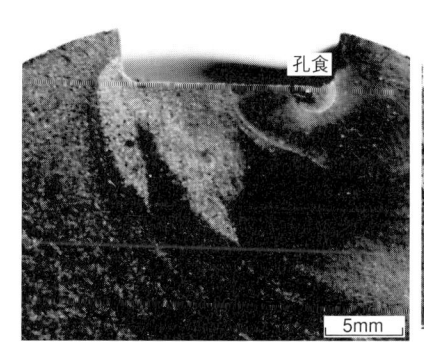

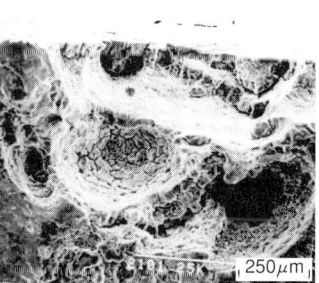

（a）軸材破断面　　　　　（b）割れ起点近傍の拡大写真

図3.28　マルテンサイト系ステンレス鋼製軸材における孔食を起点とした破損状況

ここで、ステンレス鋼製機械部品が疲労破壊する頻度は比較的多く、主に、溶接欠陥、鋳造欠陥、腐食孔などを起点として発生することが多い[45]。孔食を起点とした疲労破壊した前述のケースは、平滑材を基準として機械設計する限り避けにくい問題である。

表3.4は常温海水中におけるさまざまな材料の腐食疲労強度の例であ

表3.4 海水中における構造材料の腐食疲労強度[46]

No.	材料	試験条件	繰り返し数	腐食疲労強度 (kgf/mm^2)
1	チタン	回転曲げ, 1400rpm	10^{7}サイクル	48
2	インコネル718丸棒			46
3	インコネル718平板			34
4	析出硬化ステンレス鋼			31
5	モネル, K-500			28
6	304オーステナイト系ステンレス鋼			20
7	410マルテンサイト系ステンレス鋼			20
8	4340高強度低合金鋼			12
9	Al合金6061-T6			5
10-1	Mn青銅		10^{7}サイクル	26
-2			10^{8}サイクル	15
-3			10^{9}サイクル	6

第３章 ステンレス鋼の化学的性質

④ **その他の損傷**

る[46]。ここでは回転曲げ、1400rpm、応力繰返し数10^7サイクルの例を示した。ステンレス鋼の腐食疲労強度を見ると、20kgf/mm^{2}でチタンの半分以下である。耐食性に優れるチタンの腐食疲労強度は大気中での値と同等であるのに対し、ステンレス鋼は孔食の進行に伴い、腐食疲労強度が低下している。また、表中のNo.10-1〜-3に見られるように応力繰返し数（試験時間）が増せばさらにどこまでも単調に低下している。このように見ると、孔食が発生する環境中におけるステンレス鋼の腐食疲労強度は格段の注意をはらって見極めることが必要である。

図3.29は13Crマルテンサイト系ステンレスにおける引張強度と腐食

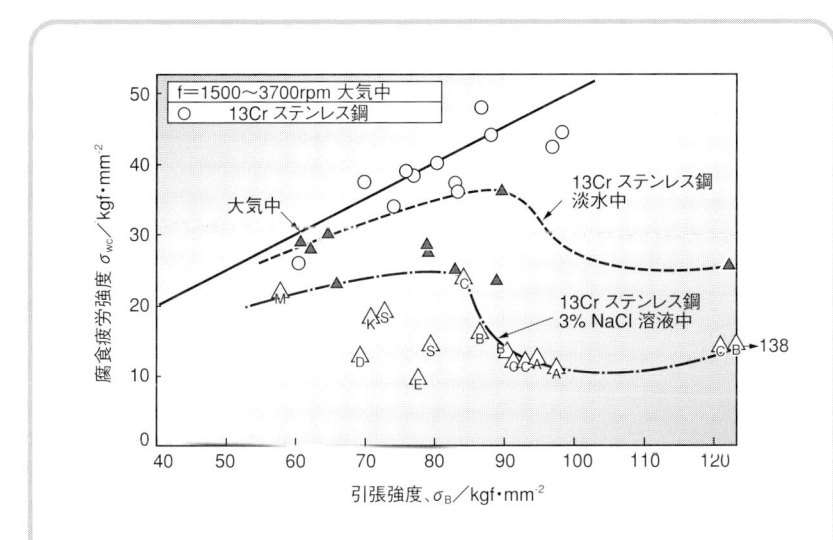

図3.29　13Cr-マルテンサイト系ステンレス鋼の10^7サイクルにおける腐食疲労強度，σ_{wc}と引張り強さ，σ_Bの関係

疲労強度の関係である。大気中における疲労強度は引張強度の上昇に伴い単調に増大してゆくが、淡水中および3％NaCl溶液中では複雑な挙動を示し、引張強度が80kgf/mm^{2}を超えると、本材料が粒界腐食しやすくなるため腐食疲労強度が再び低下している。このように見ると、腐食性環境中においては高強度鋼を用いる意味が実質的にないことに気付く。

　以上より、図3.28の軸材の損傷原因は間違いなく腐食疲労破壊と思われるが、その明確な損傷防止策は単純に見つからない。孔食の発生や進行状況が定量的に予測できれば好都合であるが、それはきわめて困難である。現段階では、**表3.4**や**図3.29**などの性質を理解して、材料や熱処理条件を選択するとともに、孔食の進行量を多めに見込みつつ、十分な安全率を採って設計する以外に有効な損傷防止策はないであろう。もちろん、機器の定期的検査を入念に行い、孔食発生状況を正確に把握することも大切である。

④ その他の損傷

ステンレス鋼の抗菌性

　SUS316ステンレス鋼を用いて土中埋設配管を製作した。埋設地点の土壌は埋立て地で湿気が多く、イオウ臭がするなどバクテリアの繁殖が多いようにも見受けられる。この環境条件で、この配管が腐食損傷することはないだろうか？

　土壌中におけるステンレス鋼の耐食性に関し、つぎのような報告がある。

① ステンレス鋼は土中で比較的腐食損傷しにくい[48]。これは、一般土壌の土質がほぼ中性でかつ塩化物イオン濃度などの腐食性成分が比較的少ないためと思われる。

② ただし、SUS304鋼管を土壌中で使用した場合には、バクテリア腐食（一般に好気性菌や酸性生成菌の代謝物による腐食）により、溶接部の溶着金属が優先的に局部腐食することもあり、土質に注意が必要である[48]。土質の境目が通気差腐食（酸素濃淡電池）により、腐食しやすいとの観察結果もある。

③ SUS304鋼配管は、国内の排水性の良い土壌中で5年間試験により腐食損傷を受けないが、湿潤性土壌中において若干の孔食を発生することがある。一方、SUS316鋼程度の耐食性材料であればほとんど腐食損傷が生じないとの報告もある[49]。

　つぎに家庭用部品として一部のメーカーより、抗菌性ステンレス鋼として、①Agあるいは Cu 添加ステンレス鋼、②Ag 抗菌剤を表面に塗布し

たステンレス鋼が報告されている。前者は数％のAgあるいはCuを鋼中に添加後、材料表面にCuをエンリッチさせる熱処理を施した材料であり、バクテリアの繁殖抑制に好適とされている。しかし、長期間にわたる抗菌性や効果の継続性について正確な資料が十分に整備されていないようである。

　以上より、SUS316ステンレス鋼管は試験データを尊重すれば、国内の土壌中で腐食損傷しにくいものと推定される。しかし、バクテリア腐食現象の理解や技術試料の蓄積が不十分な現段階では、上記配管の腐食状況を継続して監視して行く必要があると思われる。また、必要に応じて電気腐食を施す（犠牲電極を土中に設置）ことも有効と思われる。

第3章 ステンレス鋼の化学的性質

第3章の参考文献

1) 腐食防食協会編：腐食・防食ハンドブック、p.21、891、丸善（2000）
2) 腐食防食協会編：腐食・防食ハンドブック、p193、丸善（2000）
3) ステンレス協会技術委員会腐食専門委員会編：ステンレス鋼の実海域暴露試験結果報告書「実海域におけるステンレス鋼の耐さび性」（1989）
4) 総合技術センター編：腐食事例と対策技術、p.80（1994）
5) 春山志郎：表面技術者のための電気化学、p.205、丸善（2001）
6) 腐食防食協会編：腐食・防食ハンドブック、p66、丸善（2000）
7) 腐食防食協会編：腐食・防食データブック、p163〜170、丸善（1995）
8) 総合技術センター編：腐食事例と対策技術、p.80（1994）
9) 尾崎敏範：海水機器の腐食、p.209、技術評論社（2002）
10) 藤井哲雄：金属の腐食事例と対策、p.140、工業調査会（2002）
11) 山手利博：空気調和・衛生工学会学術講演会論文集、p.301（1993）
12) 腐食防食協会編：材料環境学入門、p29、丸善（1993）
13) 尾崎敏範：海水機器の腐食、p.95、技術評論社（2002）
14) 尾崎敏範：海水機器の腐食、p.34、技術評論社（2002）
15) 藤井哲雄：金属の腐食事例と対策、p.130、工業調査会（2002）
16) 日本プラントメインテナンス協会：防錆・防食技術、p.227（1992）
17) 水産無脊椎動物研究所編：海洋生物の付着機構、恒星社厚生閣、p.85（1991）
18) 小若正倫：金属の腐食損傷と防食技術、p.313、アグネ承風社（2000）
19) 腐食防食協会編：腐食・防食データブック、p.44、丸善（1995）
20) F.L.LaQue:Marine Corrosion,Causes and Prevention,John Wiley and Sons. p.164（1975）
21) 藤井哲雄：金属の腐食事例と対策、p.137、工業調査会（2002）
22) 尾崎敏範、石川雄 ：日本金属学会誌、52、1276（1988）
23) 尾崎敏範：海水機器の腐食、p.86、技術評論社（2002）
24) 井上裕滋：材料と環境、41、833（1992）
25) 金子智他：腐食と対策事例集、p.233、腐食防食協会（1985）
26) 日本プラントメインテナンス協会：防錆・防食技術、p.152（1992）
27) 小若正倫：金属の腐食損傷と防食技術、p.321、アグネ承風社（2000）
28) 腐食防食協会編：腐食・防食データブック、p.214、215、223〜225、

308～313、丸善（1995）
29）ステンレス協会編：ステンレス鋼データブック、p.215、日刊工業新聞社（2000）
30）腐食防食協会：第5回腐食防食シンポジウム資料（1984）
31）小若正倫、工藤赳夫：住友金属、29、247（1977）
32）河原徹：腐食と対策事例集、p.73、腐食防食協会（1985）
33）大塚喬：腐食と対策事例集、p.77、腐食防食協会（1985）
34）総合技術センター編：p.3、12、腐食事例と対策技術（1994）
35）藤井哲雄：金属の腐食事例と対策、p.144、工業調査会（2002）
36）中原正大、高橋克：防食技術、35、467（1986）
37）川本輝明：防食技術、37、30（1988）
38）藤井哲雄：金属の腐食事例と対策、p.126、工業調査会（2002）
39）尾崎敏範、石川雄一：鉄と鋼、75、1338（1989）
40）尾崎敏範、石川雄一：防食技術、38、148（1989）
41）松山晋作：遅れ破壊、p.81、日刊工業新聞社（1989）
42）朝倉祝治監修：腐食事例と対策技術、p.49、総合技術センター（1994）
43）日本プラントメインテナンス協会編：防錆・防食技術、p.198（1992）
44）尾崎敏範、小沼勉：防食技術、36、83（1987）
45）加納誠他訳：金属の疲労と破壊、内田老閣圃（1999）
46）F.L.LaQue：Marine Corrosion,Causes and Prevention,John Wiley and Sons, p.228（1975）
47）尾崎敏範、石川雄一、他：鉄と鋼、75、523（1989）
48）松島巌：トコトンやさしい錆の本、p.55、102、日刊工業新聞社（2002）
49）金刺久義他：腐食と対策事例集、p.46、腐食防食協会（1985）

第4章
ステンレス鋼の具体的な使用例

サビ サビッ　　　　　　　　レス助手　　ステイン博士

① 身近な製品

ステンレス鋼製調理鍋

　板厚1mmのSUS304鋼を用いて調理鍋を製作し、試作品を各家庭で使用してもらった。その結果、玉子焼き、ホットケーキなどを調理すると、厚手鍋に比べ圧倒的に焦げ付きやすく、非常に使いにくかった。また、比較的わずかな期間しか使用しなかったにもかかわらず穴が開き、使用不能になってしまった。なぜだろう？

　ステンレス鋼試作鍋、市販のステンレス鋼鍋（サンドイッチ構造）、純銅および純Al板を用いて卵焼きを作り、それぞれの焦げ発生状況を観察

第4章 ステンレス鋼の具体的な使用例

表4.1 各種金属を用いた鍋材による玉子焼き料理の焦げ発生状況の比較

鍋材料	肉厚	焦げ発生状況	焦げ状況
純Al板	1mm	○	焦げ発生せず
	5mm	◎	
純銅板	1mm	○	
	5mm	◎	
SUS304 オーステナイト系ステンレス鋼	1mm	×	火炎直上が焦げやすい
	5mm	△	
市販ステンレス鋼鍋（Alクラッド鍋）	10mm	◎	焦げ発生せず

【◎：全く焦げ発生せず、○：焦げ発生せず、△：若干焦げ発生、×：焦げ発生】

した。その結果を**表4.1**に示す。純銅および純Al板を使用した場合には板厚とは関係なく焦げがほとんど発生しない。しかし、ステンレス鋼試作鍋（板厚：1mm）の場合は容易に焦げが生じやすく、ガスレンジの炎直上地点（高温部分）に沿って焦げが発生した。この状況は板厚を増しても目立った改善効果が見られなかった。

一方、市販の厚肉ステンレス鋼製調理鍋を用いた場合は、焦げがほとんど発生しない。市販の厚肉鍋の構造は、熱伝導性に優れたAl合金板（~10mm）の上下にそれぞれSUS304薄板（~1mm）を接続したサンドイッチ構造になっているものが多い。

以上より、鍋底が薄い場合に見られた焦げは、鍋底横方向の温度分布が不均一なため高温地点と低温地点が不均一になり発生したと推測される。一方、市販の厚肉サンドイッチ底鍋では、熱伝導性に優れたAl厚肉材をサンドイッチしているので、鍋底横方向の温度分布がきわめて均一になり焦げにくいものと推測される。

　また、試作のステンレス鋼鍋底に短期間で穴が開いた理由は、AlやCuなどに比べ熱伝導性に劣るステンレス鋼[1]を薄板として使用したためと思われる。すなわち、ステンレス鋼薄板構造では、板厚方向に急激な熱勾配（孔食が進行するほど高温に近づく）が生じるので自由表面地点に比べ孔食底の温度が高く、孔食底における腐食反応速度が周辺に比べますます加速される。その結果、市販の厚肉鍋や熱伝導性に優れたAl鍋に比べ、孔食が発生しやすいものと推察される。一方、温度勾配が逆方向であれば、孔食進行を加速することがない。

　以上より焦げが生じにくい市販の厚肉調理鍋構造は、鍋底の温度勾配とその分布が鍋底横方向および肉厚方向ともに穏やかになるよう合理的に構成されている。

　誤って市販のステンレス鋼鍋に焦げを作ってしまった場合は、放置すると焦げの原因となるので、クレンザーなどを用いて焦げを除去しておくことが望ましい。しつこい汚れや焦げは食酢、クエン酸を入れ短時間加熱処理すれば、ステンレス鋼下地がわずかに溶解し焦げが除去しやすい。

① **身近な製品**

ステンレス鋼製貯水槽

　FRP（繊維強化プラスチック）を用いて貯水槽を製作した。半年程度経過後、貯水槽に藻（青粉）が発生し始め、いくら清掃してもすぐさま繁殖し除去できない。青粉が発生しないようにするか、あるいは容易に除去することができないものであろうか？

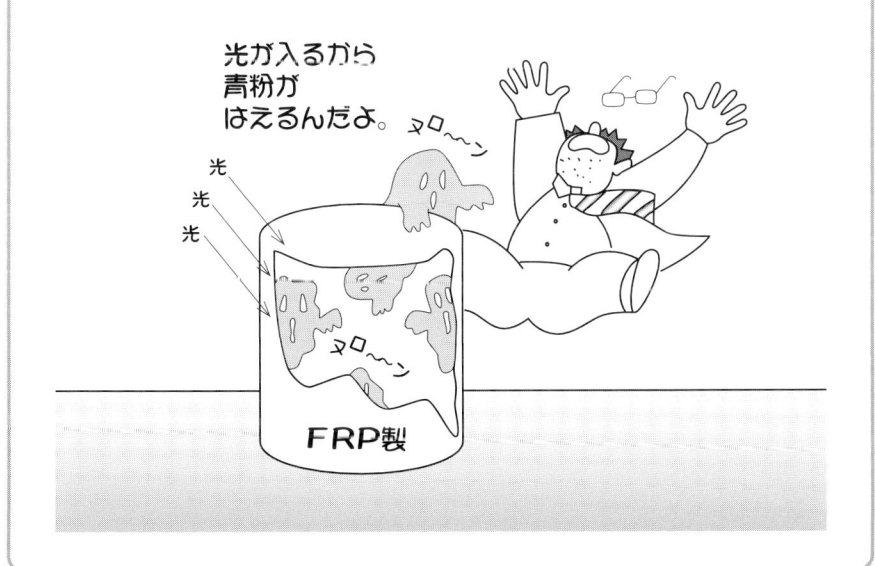

　各種温水用ステンレス鋼および貯水槽の特徴を**表4.2**および**表4.3**に示す。これらより以下が明らかである。温水タンクを製作するには、材料強度、耐食性、メンテナンス性などさまざまな条件を満足する必要がある。強化プラスチック、FRP製タンクは表中に示した多くの点で優れている。しかし、光透過性があることから藻（青粉）が発生しやすい点に

表4.2 温水用ステンレス鋼の各種特性

性　質	挙　　　動
強　度	ステンレス鋼タンクは、炭素製の約2倍、FRPの5倍程度の強度を有する。コンクリート製タンクに比べ重量が格段に軽い。
光透過性	FRPに比べ、光透過性がないので藻が発生しにくい。
耐震性	FRPに比べ、高強度なので耐震性に優れる。
清掃性	清掃が容易。
使用材料	SUS304（γ系ステンレス鋼） →SUS444〔F系ステンレス鋼、19Cr-2Mo-Ti-Nb、Zr-極低C、N〕 →SUS429J4L〔F系ステンレス鋼、25Cr-6Ni-3Mo-N-低C〕へと進化。
耐食性	SUS304では、水道水など残留塩素含有水の場合には、タンク内面の気相部が発錆しやすい問題がある。必要に応じ電気防食が必要である。
メンテナンス性	コンクリート（防水塗膜）やFRPに比べ、側壁が経年劣化しにくく、メンテナンスが比較的容易である。
美的外観	ステンレス鋼製タンクは美的外観に優れ衛生的な印象を与える。

重大な欠陥がある。

　すなわち、一度タンク内に藻が発生すると、接続配管、ポンプなどに際限なく繁殖し、その清掃がきわめて困難である。薬剤投与は水質を汚染し、紫外線照射はその効果地点が限定されるなど現段階では効果的な防止策は見つかりにくい。

　これを防止するには、当初から光透過性のない材料でタンクを構成する以外に有効手段が見当たらない。ステンレス鋼製タンクはこの心配が

① 身近な製品

表4.3　ステンレス鋼製貯水槽の特徴

	ステンレス鋼（SUS329J4L）	強化プラスチック（FRP）	耐水コンクリート	炭 素 鋼
耐食性	◎	◎	○ 耐水処理	× 錆び発生
衛生性、美観	◎	△	△	× 錆び発生
強度、耐震性	○ コンクリートの十数倍	△	× 耐震性に劣る	○
加工精度、重量	○ コンクリートの数十分の一	◎	× 重量大	○
耐温水性	◎	○	△ アルカリ溶出あり?	× 錆び発生
製作価格	○	◎ 安価	△	◎ 安価
藻の発生	○	× 光透過性	○	○
トータルコスト	○ コンクリートより安価	○	△	◎

【◎：優れる、　○：良、　△：重大な問題がない、　×：不適当】

ない点で有利である。また、表4.2に示したように、メンテナンスや美的外観などそれ以外の点でも、他の材料に比べ多くのメリットが見られる。

　このように、温水タンクでは一度青粉が発生すると、その除去はきわめて困難であるため、当初からタンクを光透過性のない材料でタンクを製作することが重要である。その点、ステンレス鋼製タンクがさまざまな要件を満足しやすく、耐水コンクリートや炭素鋼製に比べ有利である。

食品中におけるステンレス鋼の耐食性

　SUS304ステンレス鋼製魔法瓶を製作し、お燗をした日本酒を入れて釣りに出かけた。いざ飲もうとすると、お酒の色がわずかながら変色している。これって何だろう？

　各種食品中におけるステンレス鋼の耐食性は、必ずしも正確な公表データが見当たらない。しかし、従来より食品加工機器や容器類の多くにSUS304や306ステンレス鋼が広く使用されていることから重大な障害はないものと思われる[2]。

　一部の清涼飲料水や果汁、ビール、一部の食酢などは、含有有機物が防錆剤として作用することが知られ、ステンレス鋼種を選択すれば十分耐える。しかし、味噌・醤油など食塩やある種の有機酸を含有する食品中では腐食損傷が発生するのでその使用を避けねばならない。

　本製品に関する公表事例は必ずしも多くないが、ステンレス鋼製発酵乳貯槽や食用油加熱熱交換器に孔食や応力腐食割れが発生した事例がわずかながら知られている。本損傷原因は、食品の分解により生成した腐食成分や微量不純物に基づくと推定されるが、厳密な検討例は少ない。

　次に、SUS304鋼の有機酸中における耐食性は、

　　アスコルビン酸＜クエン酸＜り

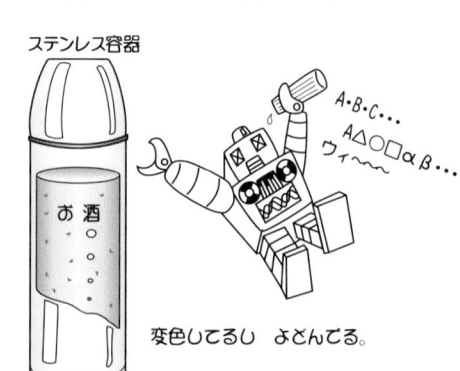

第4章 ステンレス鋼の具体的な使用例

① 身近な製品

表4.4 ステンレス鋼と接触した40℃の日本酒の変色状況[4]

素材	表面状態	浸漬時間			
		1時間	10時間	100時間	1000時間
SUS304、固溶化処理材	未研磨材	△	×	×	×
	30%硝酸処理材	○	○	△	△
SUS304、鋭敏化処理材	未研磨材	×	×	×	×
	30%硝酸処理材	○	△	×	×

【○:変色なし、△:変色発生、×:変色大】

んご酸<乳酸(右方向が腐食性大)
の関係が知られている。沸騰乳酸中において、SUS304は腐食損傷するが、SUS316鋼では実用上十分耐えることも知られている[3]。

日本酒中におけるSUS304ステンレス鋼の耐食性を滝沢らの資料から拾うと、ステンレス鋼は銅の50倍と優れている。しかし、ステンレス鋼の場合にはわずかに溶出した鉄イオン($>0.02ppm$)のために日本酒が黄色に着色するので、その使用には注意が必要であるとされている[2]。

表4.4はSUS304鋼と接触した日本酒の変色状況である。固溶化SUS304鋼未処理材では、日本酒の変色が1時間後から始まるが、表面を硝酸を用いた不働態化処理することで、変色発生が数百時間に延長される。また、鋭敏化処理材ではその効果が少ないことも明らかである[4]。

以上より、お燗をした日本酒が変色した理由は必ずしも明らかでないが、魔法瓶が溶接構造物であり、その熱影響部が腐食しやすい状態にあったとすれば、鉄イオンや堆積した錆びにより日本酒が着色したものと推測される。食品を取り扱う機器・部品にステンレス鋼を適用する場合は、母組織の他に不純物の突発的変動などを含めあらゆる角度から検討し、慎重に進めることが好ましい。

建築用ステンレス鋼製ビス

建築構造用部材として、手元にあった析出硬化型ステンレス鋼SUS630鋼製ビスを温水プールの天井支え部品として使用した。その結果、ビス表面が著しく錆び、一部のビスは割れが発生して落下した。これは、建築上の問題とならないか？

一般に、ステンレス鋼製ネジについては、市場に出回っているねじ部品の80％がオーステナイト系ステンレス鋼（SUS304と316が主体）、残り20％がフェライト系、マルテンサイト系および析出硬化型ステンレス

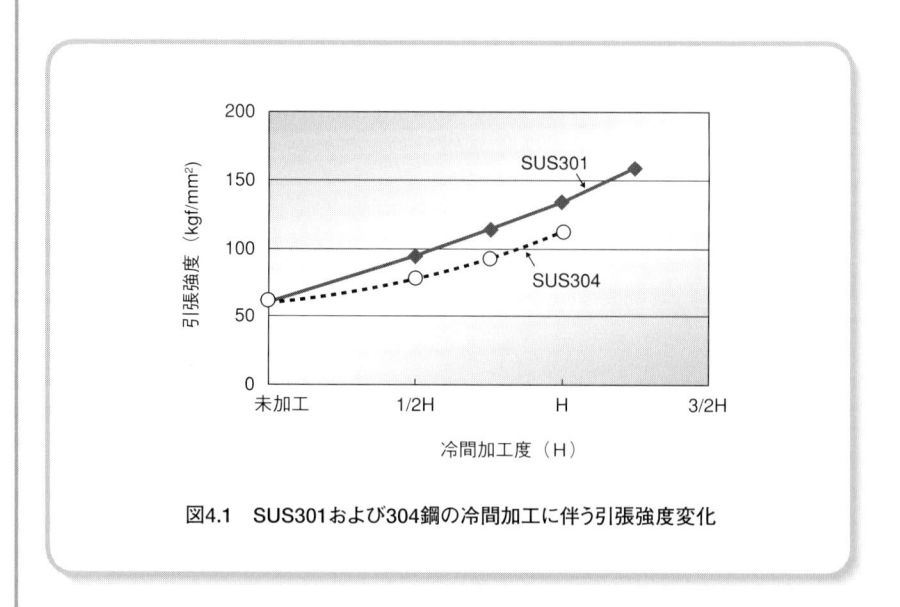

図4.1 SUS301および304鋼の冷間加工に伴う引張強度変化

第4章　ステンレス鋼の具体的な使用例

① 身近な製品

鋼であることが知られている。オーステナイト系ステンレス鋼は**図4.1**に示すように冷間加工することで析出硬化型ステンレス鋼（SUS631鋼 Full hard）と同等な150kgf/mm^{2}前後の高強度を得ることもできる。しかし、過剰な冷間加工を与えたり、SUS301鋼などCr、Ni含有量が少ない鋼種の場合には大量の加工誘起マルテンサイト相が形成され高強度となって耐食性が若干低下するので注意が必要である。

　フェライト系ステンレス鋼ねじは低強度でかつ衝撃値が低いので取付作業に注意が必要である。また、マルテンサイト系および析出硬化型ステンレス鋼ねじは高強度なので、引張強度が100kgf/mm^{2}以上の場合には

水素脆化割れによりネジ首下より破断する危険性があり、環境条件によって使用しない方が好ましい。

　つぎに法規上の問題は、平成12年に建築基準法が一部改定され、建築構造用部材として、SUS304、316およびSCS13系鋼種が認定され、広く使用されるようになった。具体的な鋼種はSUS304A、SUS304N2A（冷間加工材）、SUS316A、SCS13AA-CFである。これらの材料の基準設計強度はSUS304A、SUS316A、SCS13AA-CFが23kgf/mm^2、SUS304N2Aが32kgf/mm^{2}である。本鋼材の腐食量は国内大気中で5年間暴露試験において、0.1mg/mm^{2}以下であるが、ステンレス鋼は塩化物イオンの存在下で腐食しやすいので、前述した例（p.126参照）に見られるように、スイミングプールなどの環境下ではその使用に注意が必要である。

　以上より、ビスが落下した上述の問題は、建築法に照らす限りSUS630製ビスを使用した点に誤りがあると見るべきであろう。さらに、高強度鋼製ビスをプール天井という強腐食性環境（カルキ、残留塩素）中で使用した点にも問題がないとは言いがたい。特に、結露環境は、湿度変動に伴い、水滴の乾燥過程で腐食成分が濃縮され、思わぬ高腐食性条件を形成することもあり、注意しなければならない。

　したがって、建築法で認定されたSUS304Aあるいは316Aを使用すべきだったと思われる。特別な耐食性や高い信頼性が必要な環境にはチタン製ネジを使用することも検討すべきかもしれない。また、大気中などの比較的緩やかな環境中で使用する場合には、ネジ製造の最終製造工程で硝酸浸漬による不動態化処理を行うと腐食発生期間が延長されることも知られている。

① **身近な製品**

生体埋込み材（インプラント材）

　スキーで転倒し骨折した。医者より、ステンレス鋼ボルトで骨をつなぐと聞かされた。さぞかし高級ステンレス鋼を使用するのかと思いきや、工業用SUS316鋼であった。大丈夫なのだろうか？

　骨接ぎ用インプラント（生体埋込み）材料として市販のSUS316鋼製ボルトを使用することがある。**表4.5**は代表的なインプラント用ステンレス鋼の組成と機能である。生体用材料のF128はSUS316にほぼ近似した化学組成を有しており、比較的短期間の人体埋込みであれば、市販のSUS316鋼を用いても実質的に重大な障害には到りにくいのであろう。

　ここで、人体（血液）は、海水と同等の塩化物イオン（18000ppm）を

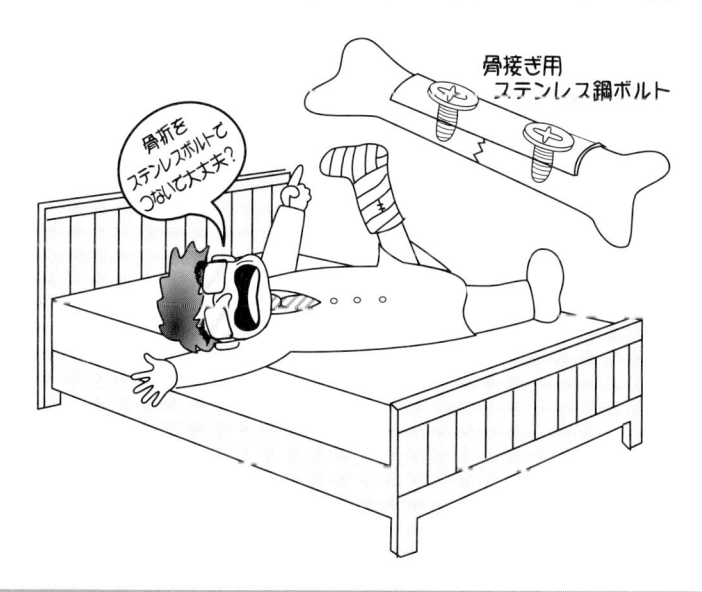

表4.5 インプラント用ステンレス鋼の組成と機能[5]

金属種	代表的鋼種		備考
	名称	主な合金組成	
ステンレス鋼	F128	17Cr-13Ni-2Mo-2Mn	SUS316相当材
	F1586	20Cr-9Ni-2Mo-2Mn-0.3Nb-0.2N	機械的性質改良材
Co-Cr合金	F75	27Cr-5Mn-1Ni-残分Co	Ni減少材
Ti合金	F136	6Al-4V-0.2O-残分Ti	生体に対する親和性に優れる

含むことから、ステンレス鋼に対する腐食環境は必ずしも緩やかとは言えない。ステンレス鋼をインプラント材として使用した場合は、腐食生成物が疫学的に有害（Ni、Crアレルギー）となる場合も知られている[5]。

したがって、機械的性質を改良したF1586、Niを減少させたF75、Co-Cr-Mn生体用合金あるいは生体親和性に優れるTi合金の使用が好ましいものと思われる。おそらく、生体埋込み期間が長い部品（人工関節など）には、高耐食性で高強度なCo-Cr生体用合金や生体親和性に優れるTi合金が用いられるのであろう[5]。

上述の本骨接ぎ用ボルトは、生体埋込み期間が比較的短いので、実害は少ないと考えSUS316鋼が使用されたものと思われる。

② 工業製品

ステンレス鋼製制振鋼板

　ステンレス鋼薄板で製作したモータ内蔵箱が振動し、煩くて仕方がない。効果的な騒音防止策はないだろうか？

　騒音防止策の1つとして、サンドイッチ鋼板のステンレス版が市販されている。本材料は、1mm厚程度のステンレス鋼板間に50μm厚の粘弾

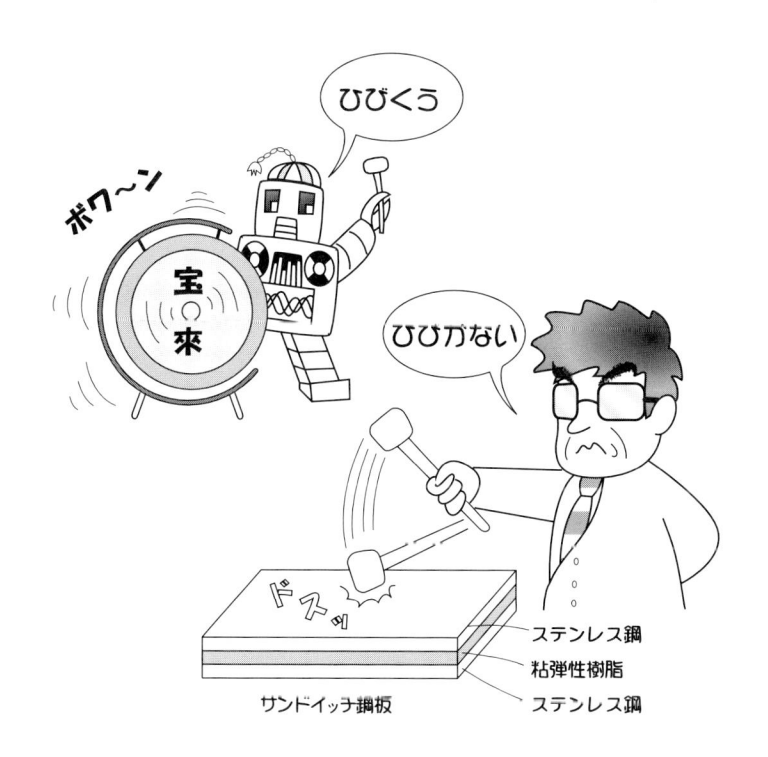

性樹脂をサンドイッチした構造であり、振動エネルギーにより上下板間に生じる変形を樹脂に「ずり」を生じさせることで、エネルギー吸収し振動を抑えることで騒音を減らす構成としている。

　本材料は、優れた制振能（共振周波数200Hz前後）を有すとともに、樹脂材料をはさんだ状態で比較的優れたプレス加工性およびスポット溶接が可能な点でユニークな材料である。また長年月にわたり、耐久性が低下しないなどの長所を有す。一方、樹脂の粘弾性は使用温度に敏感なので、目的温度にあわせた樹脂材料の選択が重要である。樹脂材料が硬すぎても軟かすぎても振動エネルギーの有効な吸収が得られない。

　最近は自動車用オイルパン、ハードディスクカバー、洗濯機外板、エレベータドア板、体育館屋根板（雨音の減少）などに使用されている。

　以上より、上記モータ内蔵箱材料として、サンドイッチステンレス鋼板を使用することが好ましい。ただし、本板の適用部位は、振動（部品の変形）が大きい部位に適用する必要がある。振動していない部分に適用しても騒音防止効果的はほとんど得られない。

② 工業製品

ステンレス鋼クラッド部品

強腐食環境で使用される熱交換器としてチタン管を使用したいが、オールチタン管ではコスト高となり実用的でない。何か打開策はないだろうか？

近年、ステンレス鋼と他の金属材料を張り合わせたクラッド部品（2層、3層クラッド）が多方面で使用されている。ステンレス鋼単体では得られにくいさまざまな性質を有す製品が製造できる点でユニークである。国内においてクラッド部品はステンレス鋼使用量として数％前後に達し、無視できない存在である。得られる主な性質は、耐食性と強度や

表4.6 ステンレス鋼クラッド品の種類と構成

分類	品名	構成	機能
板材	―	SUS304と低合金鋼など	強度とコスト
パイプ	―	SUS403とTi、SUS304と炭素鋼など	耐食性とコスト
家庭用品	高級鍋	SUS304とAlあるいは鉄のクラッド	焦げ付き防止鍋
	ケトル	SUS430とSUS304など	電磁調理用鍋
卓上器物	フォーク	SUS430など	意匠性向上
	ポット	SUS304など	
刃物	高級包丁	SUS420J2など	切れ味向上

靭性の両立、高機能化や意匠性とコストの両立などである。

表4.6は代表的なクラッド部品の例である[7]。板材、パイプ、刃物などとしてさまざまな製品に適用されている。

強腐食環境での使用については、外面材料が薄肉のチタン、内面材料が厚肉のフェライト系ステンレス鋼からなるチタンクラッド管が市販されている。また、内管には高ニッケル合金、外管にはジルコニウム合金の組合せなども存在する。

これらの製品を利用すれば、チタンの耐食性、フェライト系ステンレス鋼の強度、熱伝導性、コストを確保することができ、好都合である。チタンクラッド管は化学工業、各種機械装置、石油精製、発電装置、ごみ焼却用部品、などに広く使用され、材料組み合わせを間違えなければ好成績が得られる。

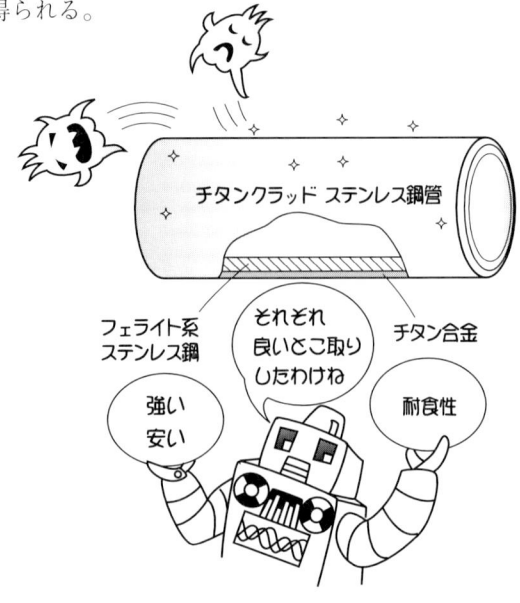

第4章　ステンレス鋼の具体的な使用例

② **工業製品**

ステンレス鋼薄肉部品

電子材料や光通信材料としてのステンレス鋼はどのような展開がなされているのだろうか？

　ステンレス鋼はその電気的性質や磁気的性質から電子材料としての展開は少ない。しかし、水分を通過させない点で金属に勝る材料がないことから、近年は光通信部品材料（ガラスファイバーの水分吸収を抑制）などとして以下のように薄肉部品がさまざまな部品に使用されつつある。

① 超薄肉ステンレス鋼管

　外径30～300mm、肉厚50μm前後の薄肉管。複写機のローラ等に使用。

② スチールベルト

　幅10～30mm、厚40μm前後の薄肉ベルト。全周圧延法で成形しており継目がないので疲労強度が高い。精密機器の駆動部などに使用。

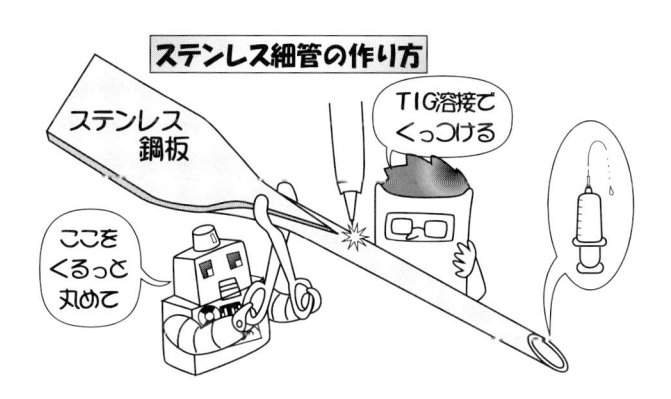

ステンレス細管の作り方

ステンレス鋼板

ここを
くるっと
丸めて

TIG溶接で
くっつける

165

③光ファイバー用シース管

　外径0.3mm〜5mm、肉厚10〜200μm、長さ2000mのパイプ。

④ステンレス鋼細線

　SUS304鋼が主体、φ10μm〜18mm。本製品の製造方法は、特殊フォーミング技術とTIG、プラズマ溶接が使用され超薄肉の連続溶接によりビードの存在が感じられない程度の平滑さに仕上がっている。

　ステンレス管の仕上がり寸法は外径2〜120mm、肉厚0.1〜0.8mm程度であり、円管、角パイプ、半円パイプなどの異形管、二次加工素管、排気用フレキシブルチューブ、ダイヤフラム、電池ケース、自動車排気ガス浄化用触媒担体、住宅雨炉樋、温水チューブなど幅広く存在する。

　このように見ると、ステンレス鋼薄肉部品は、単なる耐食性部品と見るよりも、ステンレス鋼本来の圧延性、絞り成形性、溶接性などを生かした製品であり、今後ともさまざまな発展が期待される。

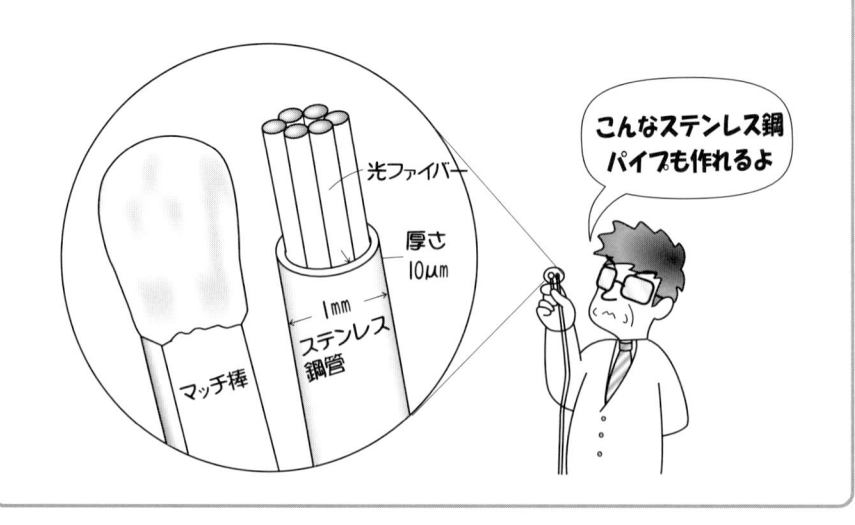

第4章　ステンレス鋼の具体的な使用例

② **工業製品**

内面精密仕上げパイプ

　半導体工業や超純水製造装置などに、ステンレス鋼が広く使用されていると聞くが、それらの用途にはどのような工夫がなされているのだろう？

　半導体工業、超純水製造装置、医薬品製造などに使用されるステンレス鋼部品は、材料素材そのものに一般的ステンレス鋼と基本的な違いはなく、その内面仕上げに特別な配慮を加えてある。つまり、以下の研磨、表面処理および洗浄を行うことで、耐食性の向上および不純物の発生防止に努めている。

| SUS316L鋼製パイプ | → | 光輝焼鈍 | → | 内面酸洗浄 | → | 内面電解研磨 |
（表面粗さ：0.5μm以下） → 表面酸化処理 → 純水精密洗浄

　ここで、表面酸化処理は鋼管内面を高温酸素雰囲気あるいはオゾン雰囲気に曝すことで緻密な酸化膜を形成するものである。これらの工程は、半導体・液晶パネル製造用、医薬品用、食品製造機器・部品用、超微粉用、真空機器用においても基本的に同様である。

　これらの半導体工業や超純水製造装置などに使用されるステンレスパイプは、内面の精密仕上げに最大限配慮している。その結果、以下の効果が期待される。

a) 表面が平滑なため、液溜りやガス溜りがない。
b) 付着物が少ないので高純度・高品質の生産が可能である。
c) 不動態皮膜が緻密なので、耐食性が向上し、液の汚染などが生じにくい。

　なお、最近はステンレス鋼素材として、高純度ステンレス鋼（非金属介在物やガス成分が少ない）が安価に入手でき始めた。本鋼を用いることで、上記性能はますます向上するものと期待される。

② **工業製品**

潤滑膜付きステンレス鋼板

ステンレス鋼の一部は、圧延加工やプレス加工などの被加工性が劣ると聞くが、改善策はあるのだろうか？

材料の素材組成の改良によって、被加工性を向上させた材料が知られている。極低C軟質ステンレス鋼0.01C-0.01N-17 Cr-8Niを基本組成とし、これにMnを1.6％、Cuを約3％添加する。その結果、成形金型磨耗が低減し、焼なまし工程が省略される特徴がある。この用途は電気洗濯機の内槽、真空機器・部品、リチウム電池、電車外板、貯水槽など、多岐にわたっている。

また、被加工材表面に前もって潤滑膜を付与することで成形性を改良する手法が知られている。SUS304L系ステンレス鋼板上に膜厚20〜100μm前後の高潤滑皮膜（塩化ビニル膜、ポリエチレン膜）を塗装してある。その結果、絞り用途あるいは複雑な形状のプレス加工に好適であり、プレス油を使用することなくプレス加重が低減される。用途は電気・機械・建築部品、オイルクーラー、電池ケースなど、多岐にわたっている。

このように、素材組成の改良に加え潤滑膜を付与をした結果、ステンレス鋼の被加工性が飛躍的に向上し、従来プレス加工が困難であった分野の幅広い製品・用途に適用できるようになった。

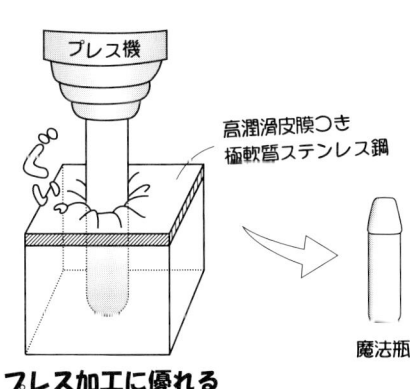

プレス機 / 高潤滑皮膜つき極軟質ステンレス鋼 / 魔法瓶

プレス加工に優れる

ステンレス鋼繊維材、ハニカム材

繊維状ステンレス鋼やステンレス製のハニカム構造品を作ることはできるのだろうか？

ステンレス鋼の特殊な使用例として、繊維状、ウール状、ハミカム構造などが知られている。

繊維状ステンレス鋼は、SUS304や403鋼製でサイズが$\phi 0.3mm \times 30mm$前後の針状であり、耐火物、コンクリート、ライニング材などに分散混入させて使用することで、部材のひび割れ防止が期待される。

ステンレス鋼繊維は、$\phi 2 \sim 50 \mu m$のオーステナイト系ステンレス鋼繊維を布に1vol%程度織込み、シート状にした電磁波シールド繊維布が

② 工業製品

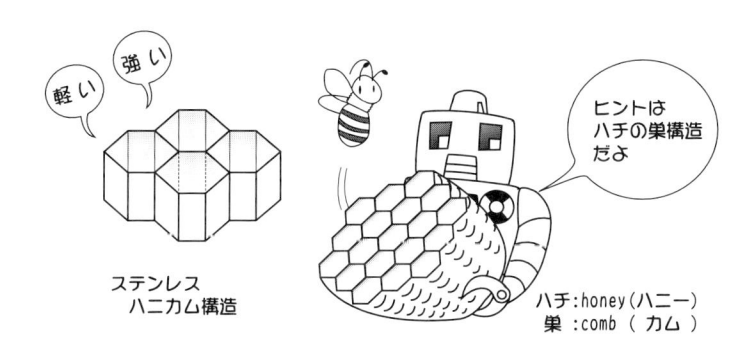

知られている。パソコン、カーナビ、携帯電話などの電子機器における電磁波シールド、妊婦用エプロンなどに使用され、主に5MHz以上の電磁波を大幅にカットできると言われている。

　また、ステンレス鋼を切削法で作成したウール状繊維物質も知られている。これはタワシ、耐熱性・耐酸性フィルター材などに使用される。

　ハニカム材はハチの巣状の穴を有する特殊な構造部品である。板厚50μmの加工性に優れた20Cr-4Alフェライト系ステンレス鋼を使用し溶接やブレージンクで製作する。サイズはϕ5〜50mm×20〜100mm程度である。本構造物は軽量であると同時に高強度で、高い応力分散効果、耐熱衝撃性などを有している。特殊な軽量化部品、浄水器、自動車廃棄ガスや焼却煙の浄化用触媒担体あるいは次世代高速船、次世代高速列車車両などへの使用が検討されている。

ステンレス鋼製ボールベアリング

水飛沫や蒸気が掛かる回転体が短期間に錆び付いて困っている。錆びないベアリングはないだろうか？

　一般に、ボールベアリングは低合金高張力鋼が使用される。しかし、水中や水飛沫の掛かる用途では錆びてしまう。そこで、耐食性の向上を目指し、外内輪材料として13Crマルテンサイト系ステンレス鋼SUS440C、SUS630、樹脂材料などを玉材料として、非磁性鋼のSUS304あるいはアルミナセラミックスなどを保持器としてフッ素樹脂を使用した製品が市販されている。このような構成にすると海水中、薬品中、高温中などでの使用がある程度可能である。

　しかし、油潤滑でない点に重大な障害があり、耐水性グリースや固体潤滑材を使用し問題を軽減している。しかし、間歇運転機械で停止期間が長い機械の場合は、休止中に錆付きが生ずるなど多少の障害が発生することが避けられない。

　以上のことから、上記回転体の摺動部品としては、ベアリング部分に水飛沫や蒸気が掛かりにくい構造を選択すべきである。それが避けられない構造物に限り、上記の特殊ベアリングが威力を発揮してくれる。

② **工業製品**

プレート熱交換器

　汚染した工業用水から熱回収を行う目的でコンパクトでかつ高効率な熱交換器を設計したいが、どのようなスタイル、材料にすべきだろうか？

　コンパクトでかつ高効率な熱交換器を目指すのであれば、板厚1mm程度のステンレス鋼板に隙間を与えて多数枚重ねて構成したプレート熱交換器が多管式やスパイラル型熱交換器に比べ圧倒的に有利である。ステンレス鋼を主構成材料に用いれば、汚染水や高温水による腐食問題からも開放されるものと期待される。

　すなわち、一般にステンレス鋼製プレート熱交換器の特徴は、サイズが多管式熱交換器に比べコンパクトであり、重量が30％、寸法が20％と小さいものの、伝熱性能は同程度であるのが特徴である。また、構造に配慮すれば簡単に分解できるので清掃が容易である。しかし、ステンレス鋼板とガスケット間の隙間に隙間腐食や応力腐食割れが生ずることもあり、使用材料の選択および設置構造（縦置きが好ましい）に注意が必要である。

　次に、使用材料として耐食性に優れたSUS316板、Ti板、Ta板を使用すれば、構造が簡単であることから製作が容易でかつ、強腐食性流体中において長期間使用可能である。

　最近開発されたSUS315J1およびJ2鋼（18Cr-11～14Ni-2.5～5.4Si-1.5Mo-3.5Cu）は加工性に優れるオーステナイト系耐応力腐食割れステ

プレート式
熱交換器

ンレス鋼として、フェライト系ステンレス鋼に代え一部の小型熱交換器や温水器に使用されており、熱交換の部品材料として有望である[8]。また、必要に応じて電気防食を併用すれば隙間腐食や応力腐食割れ損傷が防止できる。

　以上より、上記のような要求にはステンレス鋼プレート熱交換器が好適と判断される。ただし、使用材料の選定には、取扱い液の腐食性を十分見極めて実績を重視する必要がある。

　つぎに、プレート熱交換器に類似構造物として、ステンレス鋼製ヒートレーンプレートが知られる。本製品はヒートパイプを板状にしたものともいえる構造物であり、小型、高効率な点からエレクトロニクス部品の熱制御や冷却用にその将来が期待される。

③ 特殊な製品

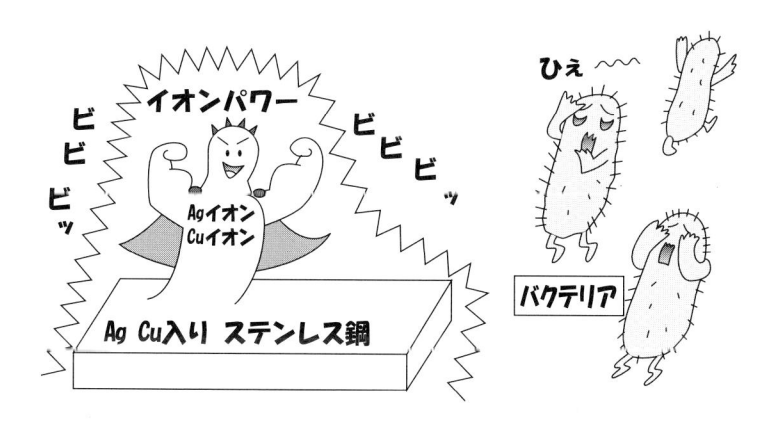

特殊用途ステンレス鋼

特殊用途ステンレス鋼にはどのようなものがあり、その製品展開はどのようになっているのだろうか？

表4.7に、ステンレス鋼における先端技術や最近の話題を示す。

No.1の抗菌性ステンレス鋼は、AgおよびCuを数％添加したステンレス鋼およびAg、Cu抗菌剤塗布ステンレス鋼およびTiO_2塗布ステンレス鋼が知られている。これらは共にAgおよびCuイオンの抗菌性あるいはTiO_2の殺菌作用を期待した製品である。これらは全自動電気洗濯機内槽、包丁の取手部分など日常製品へ適用されつつある[9]。

No.2の溶融炭酸塩型燃料電池のセパレータとしてのSUS316鋼は、アノード側燃料ガス雰囲気中（650℃）では重量減少量が実用レベルに近く、将来利用の可能性がある。

表4.7　特殊用途ステンレス鋼

分　類	名　称	内　　容
1.抗菌性	抗菌性ステンレス鋼	Ag、Cu添加ステンレス鋼や抗菌剤塗布ステンレス鋼が報告されている。前者は数％のAgあるいはCuを添加後、材料表面にCuをエンリッチする熱処理を与えた材料であり、バクテリアの繁殖抑制に好適とされている。
2.溶融炭酸塩型燃料電池	セパレーター	溶融炭酸塩型燃料電池のセパレータとしてSUS316鋼が有望視されている。アノード側燃料ガス雰囲気中（650℃）では重量減少量がステンレス鋼中のCr濃度の増大に伴い減少傾向にあり、将来利用の可能性がある。
3.リサイクル容易材	ナノ結晶粒ステンレス鋼	金属結晶粒径を200nm（市販鋼の1/100）とすることで、合金組成はそのままで強度や冷間加工性の大幅な向上が期待される。その結果、素材のリサイクルが容易となる。ただし、溶接熱により結晶粒径が粗大化する弊害がある。
4.原子力関連材	使用済み燃料ラック用ステンレス鋼	SUS304鋼相当材にBを0.6％程度添加することで中性子吸収断面積が大きい材料を得て使用済み燃料ラックに使用する。
5.核融合関連材	高速増殖炉の炉心材料、核融合炉ブランケット材、	左記部品として合金組成に配慮した高Crフェライト系材料の使用が検討されている。本鋼はオーステナイト系ステンレス鋼に比べ高温強度が低いものの、伝熱性、中性子照射耐スエリング性、耐Li腐食性などが優れている。
6.航空宇宙関連材	ロケットエンジン関連部品	航空機エンジン部品には、強度や耐熱性が重要であり、析出硬化型ステンレス鋼が使用されている。ロケットノズルスカート周辺にはステンレス細管が張り巡らされており、管内は極低温の液体水素が、管外は3300℃のガスが通過している。このような環境条件に耐える特殊なステンレス鋼が使用されている。

③ 特殊な製品

またSUS316とNiを2段あるいは3段にクラッドしたい板材も有望視されている。すなわち、酸化雰囲気ではSUS316の耐食性が、還元雰囲気ではNiの耐食性が、それぞれ有効に機能し、燃料電池の構成と機能上好適であると言われている。

これらの部品が自動車部品として実用化されれば、その使用量が膨大となることが予想され、工業的なインパクトは図りしれないものと期待される。

No.3のナノ結晶粒ステンレス鋼は、加工熱処理やメカニカルアロイング法で得た微細粒（～200nm）を有するステンレス鋼である。本材料は合金元素を添加することなく、優れた性質を得ようとする新規発想に基づいており、リサイクル時代を先取りした材料である[10]。

本材料の性質は酸化物や炭化物を分散することで引張強度が110kgf/mm^{2}以上、微細粒であることから伸び性にも優れるものと期待される。たとえば、歪み速度3.2×10^{-3}/sにおいて400%伸びの超塑性が確認されたとの報告も散在する。このような優れた性質を持った材料が創生されるとその応用範囲は膨大と思われ、夢が膨らむ。

ただし、溶接熱により結晶粒径が粗大化するとすべての性質が失われる弊害がある。

No.4の使用済み燃料ラック用ステンレス鋼は、原子力機器・部品固有な性質を指向した異質な材料である[11]。本材料はBが中性子吸収断面積の大きい（中性子を吸収しやすい）点を積極的に利用しようとしたステンレス鋼である、しかし、B添加によりステンレスの耐食性が著しく低下するため、合金組成に独自の工夫をこらし、19.5 Cr-10 Ni-0.6 B-0.4Mo

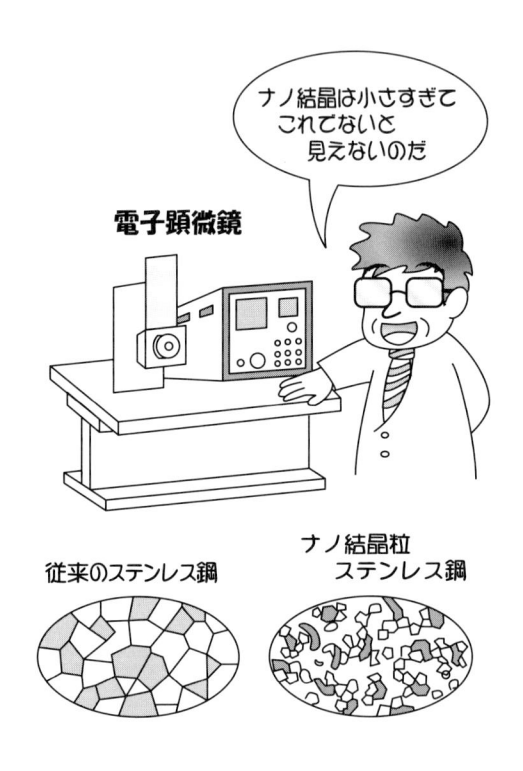

鋼を提案している。このステンレス鋼を用いればラック外に漏れる中性子量を飛躍的に減少させることが可能となるので中性子·核燃料ラックの貯蔵保管量が増すというメリットがある。

　一方、本材料とは逆に中性子照射に基づく放射化を減少させる目的で半減期の長いCo、Mn、Ta含有量を極度に制限したステンレス鋼を製造したいとする試みもある。すなわち、これらの元素を極度に制限して製造した新しいステンレス鋼（Co：0.05%、Mn：0.2〜0.3%、Ta：0.03〜

③ 特殊な製品

を提案している。本ステンレスを炉内構造物や配管に使用すれば、関連作業員の被爆線量を低減することが容易となるメリットがある。

No.5の核融合炉ブランケット材は、フェライト系ステンレス鋼の長所を生かす技術であり、将来性が期待される[12]。すなわち、金属材料は中性子の重照射を受けるとスエリングと呼ばれる膨れが発生し材料が脆化する。この脆化を抑制するには、オーステナイト系ステンレス鋼に比べフェライト系ステンレス鋼が好ましい。また、合金組成を最適化することで一層抵抗性に優れたステンレス鋼を製作することが可能であり、核融合装置の実現に寄与するものと期待される。

No.6のロケットノズルスカート周辺にはステンレス細管が張り巡らさ

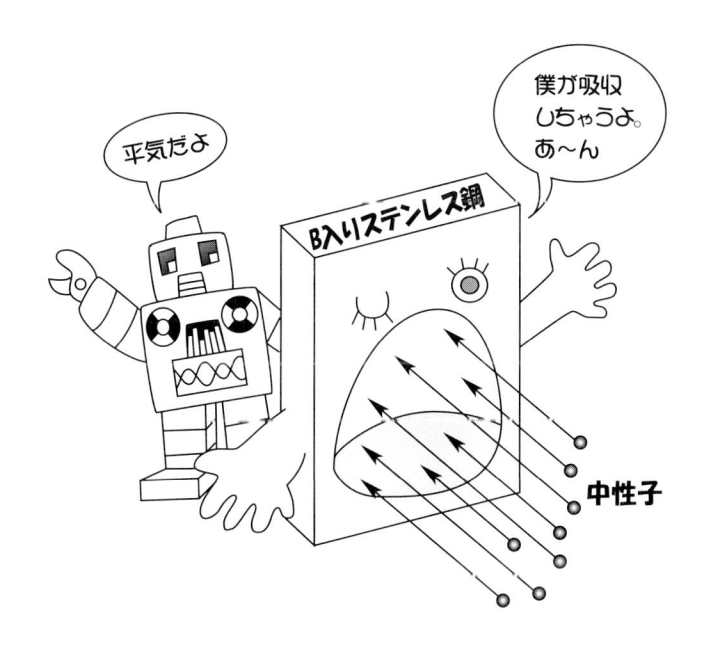

れており、管内は−253℃の液体水素が、管外は3300℃のガスが通過している。このような過酷環境条件に耐えるステンレス鋼としA-286（0.08C-14Cr-25Ni-0.35Al-1.2Ti-1Mo-0.1V）が提案されている。

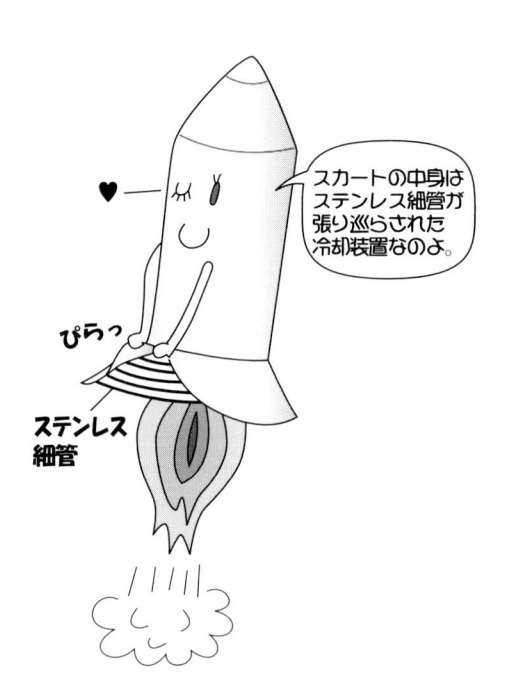

③ 特殊な製品

ステンレス鋼フレーク、焼結ステンレス鋼

　　ステンレス鋼のフレークや粉末を用いた材料とは、どのようなものがあるのだろうか？

　まず、フレークライニングは、SUS316鋼の微小なフレーク粉末（レンズ状チップ）をライニング樹脂材料と混合し塗膜を形成する手法である。単なる塗膜に比べ、フレークの力学的働きにより樹脂材料の強度、耐久性、耐衝撃性が格段に向上する。また、塗膜中にレンズ上のフレークが分散していることで、、塗膜中における薬液成分の拡散・浸透が抑制され（実質拡散距離が増大）、薬液の浸透性が大幅に減少する。

その結果、塗膜に割れや剥離などが防止されると共に、環境遮断効果が増大し、長期間に亘る信頼性が増大する。これらの効果はフレーク金属材料を機械的性質と耐食性に優れたステンレス鋼にすることで一層増大する。

　つぎに、関係材料としてステンレス鋼粉末を使用した製品に、焼結ステンレス鋼がある。本製品は一般にSUS316あるいはSUS410のステンレス鋼粉末を一定の形状に予備成形後、1200℃前後の水素雰囲気中で焼結することで複雑形状な自動車部品やカメラ部品、ポンプ用メカニカルシール、家電用部品などを作ることができる。また、適度に空孔を設けた構成とすれば、ろ過部品などへの利用が可能である。最近のステンレス鋼焼結フィルターは、0.2～20μmの微粉末ろ過が可能な製品も市販されている。

③ 特殊な製品

ステンレス鋼のレーザー加工

> ステンレス鋼は炭素鋼などに比べ、ガス切断が困難と聞くが、最近ではどのような手法で切断するのだろうか？

　ステンレス鋼は炭素鋼などに比べ耐酸化性に優れるので、一般のガス切断は利用できない。最近はレーザー切断法や水冷プラズマ加工法など高エネルギー密度切断法が用いられ、さまざまな点で効果を上げている。

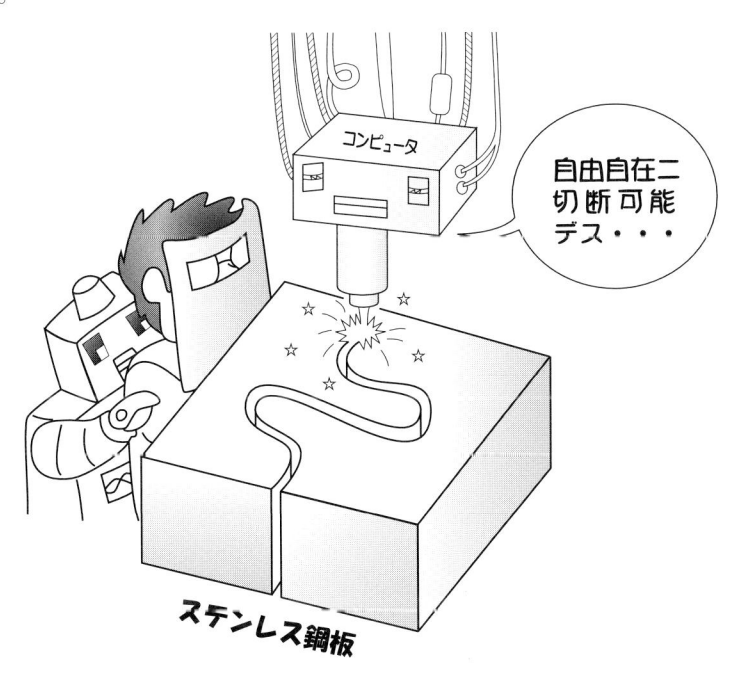

レーザー切断法の特徴は数μm巾の微細加工から数十mm厚肉板の切断作業まで、用途に合わせてさまざまな種類のレーザー加工機が選択できる点にある。熱影響、歪み、酸化層が少なく、比較的滑らかな切断面が得られ、複雑形状部品やパイプの穴明けや三次元加工、マーキングなども容易である。また、無酸化切断で厚肉ステンレス鋼板（15mm）の精密切断が可能である点も驚異である。

　類似の切断法として、水冷プラズマ切断法がある。SUS304板厚5mm、350Aで切断速度4m/min程度、板厚40mm、500Aで切断速度0.4m/min程度の切断が可能である。また、最大切断可能板厚は180mm程度という記録も見られる。

　このように、ステンレス鋼の切断や溶接性は使用機材を選べば一般に優れており、エレクトロスラグ溶接を除けば、電子ビーム、プラズマ溶接、シーム溶接、火花突合せ溶接など、ほとんどの手法が条件に配慮すれば問題なく使用可能である。

　ステンレス鋼の切断、溶接は、レーザーやプラズマなど高エネルギー密度法の登場により、革新的に進歩し、作業が容易になっている。

　つぎにレーザを用いたオーステナイト系ステンレス鋼の局部溶体化処理が徐々に実用段階にさしかかっている。本高出力のYAGレーザなどを用い鋭敏化ステンレス鋼表面を局部加熱することで、その表層部のみを溶体化処理しようとする方法である。本方法が工業的に実用化されれば、粒界腐食や応力腐食割れに悩んでいる部品製作に革新的変化をもたらすことが期待される。

第4章の参考文献

1) ステンレス協会編：ステンレス鋼便覧、p.146、日刊工業新聞社（1995）
2) 総合技術センター編：腐食事例と対策技術、p.72、327（1994）
3) ステンレス協会編：ステンレス鋼データブック、p.357、日刊工業新聞社（2000）
4) 腐食防食協会編：腐食・防食データブック、p528〜529、丸善（1995）
5) 腐食防食協会編：腐食・防食ハンドブック、p 889、丸善（2000）
6) ステンレス協会編：ステンレス鋼便覧、p.699、日刊工業新聞社（1995）
7) ステンレス協会編：ステンレス鋼便覧、p.1386、694、日刊工業新聞社（1995）
8) 日本溶接協会編：ステンレス鋼溶接トラブル事例集、p.15、産報出版（2003）
9) インターネット情報
10) 腐食防食協会編・第104回腐食防食シンポジウム資料、p.222（1995）
11) ステンレス協会編：ステンレス鋼データブック、p.643、日刊工業新聞社（2000）
12) ステンレス協会編：ステンレス鋼便覧、p.1310、日刊工業新聞社（1995）
13) ステンレス協会編：ステンレス鋼便覧、p.1283、日刊工業新聞社（1995）

さらに深く学びたい方のための参考書

1) 腐食防食協会編：コロージョン・エンジニアリング、腐食防食協会（1991）
2) 日本プラントメンテナンス協会編：防錆・防食技術、プラントメンテナンス協会（1992）
3) 腐食防食協会編：材料環境学入門、丸善（1993）
4) ステンレス協会編：ステンレス鋼便覧、日刊工業新聞社（1995）
5) 腐食防食協会編：腐食防食データーブック、丸善（1995）
6) 藤井哲雄著：初歩から学ぶ防錆の科学、工業調査会（2001）
7) 藤井哲雄著：金属の腐食事例と対策、工業調査会（2002）
8) 腐食防食協会編：腐食・防食ハンドブック、丸善（2000）
9) ステンレス協会編：ステンレス鋼データブック、日刊工業新聞社（2000）
10) 尾崎敏範、石川雄一、穐山雅男著：海水機器の腐食、技術評論社（2002）

あとがき

　本書は、ステンレス鋼の選択手段に関し、各種の事例を出発点とし、原因の理解と解明、対策の検討へと順次進むスタイルを採り、読者が知りたい情報・知見が入手しやすいように構成した。

　このようなスタイルによって、一般学術書に見られがちな「単調な事実の羅列」を避け問題点を絞り込むことで、現象や論理の理解が進みやすくなるものと判断した。

　一方、与えられた事例の解釈に対し、「別の見方もある」、「解釈が偏っている」、などのご批判が少なくないとも思われ、一部には誤解を招くケースもないとは言えない。しかし、これらの問題点は、ご批判・ご指導をいただきつつ順次改善して行くことで、将来にわたり完成度を高める作業を継続することでカバーしたいと考えている。

　読者が本書で示した事例を参考にされ、ステンレス鋼の特徴、問題点、長所・短所、意外な問題点などを身近な問題として理解されることを念願している。

　「弱くても相撲取り」という言葉がある。弱い弱いと言われる相撲取りであっても、一般人に比べれば圧倒的に強いはずである。しかし、風邪を引き寝込むこともあるだろう。ステンレス鋼についても同様と思われ、加工法や使用方法を間違わなければステンレス鋼本来の優れた性質を示すことができるであろう。肝心な点は、ステンレス鋼の各種性質や長所・短所を適格に把握し、ステンレス本来の強さや耐食性が発揮しやすいさまざまな条件を選択・準備することである。

　本書が少しでも読者のステンレス鋼選択を助け、誤解を解くのに役立てば幸いである。

　最後に本書発刊に対し適切なアドバイスと励ましをいただいた向井真紀氏に深くお礼を申し上げます。

索 引

あ

青粉（藻類） ……………………… 151
安定化オーステナイト系ステンレス鋼
　……………………………………… 66
異材溶接割れ ……………………… 72
異種金属接触腐食（ガルバニック腐食）
　……………………………………… 99
薄肉部品 …………………………… 165
鋭敏化（粒界腐食感受性） ……… 115
鋭敏化組織（粒界腐食発生金属組織）
　……………………………………… 25
エロージョン損傷 ………………… 135
延性（プレス加工性） …………… 55
応力腐食割れ …… 120, 123, 127, 129
オーステナイト系ステンレス鋼 …… 23,
　　　　　　　　25, 55, 58, 62, 64
置き割れ …………………………… 58

か

海水中腐食 ………………… 103, 111
外面応力腐食割れ（ESCC） …… 127
化学組成（合成組成） ……… 13, 51
加工硬化指数 ……………………… 56
加工誘起マルテンサイト相 …… 84, 138
かじり（焼付き） ………………… 48
カルキ（残留塩素） ……………… 158
機械的性質 …………………… 39, 54
キャビテーション・エロージョン …… 135
クラッド部品 ……………………… 163
クロム欠乏層 ……………………… 115
研磨割れ …………………………… 86
合金元素 ……………………… 16, 18

抗菌性 ……………………………… 143
孔食 …………………………… 37, 103
孔食指数 …………………………… 93

さ

残留塩素（カルキ） ……………… 158
シェフラー状態図 ………………… 29
自己修復作用（self healing作用） …… 11
磁性 ………………………………… 50
焼結ステンレス鋼 ………………… 181
潤滑膜付きステンレス鋼 ………… 169
食品中腐食・変色 ………………… 154
浸炭現象 …………………………… 81
水素脆化割れ（水素脆性） …… 130, 132
隙間腐食 ……………… 37, 108, 111, 112
ステンレス鋼繊維材 ……………… 170
ステンレス鋼の種類 ……………… 21
制振鋼板 …………………………… 161
生体埋込み材（インプラント材） …… 159
精密仕上げパイプ ………………… 167
切削加工 ……………………… 83, 86
線膨張係数（熱膨張係数） ……… 47
全面腐食性 …………………… 21, 95

た

大気変色 …………………………… 92
耐孔食性 …………………… 103, 106
鋳造欠陥 …………………………… 79
鋳造性 ………………………… 79, 81
調理鍋 ………………… 46, 106, 148
貯水槽 ……………………………… 151
電気抵抗率 ………………………… 45
電気的性質 ………………………… 44

索 引

特殊用途ステンレス鋼 ……………… 175

な

ナット・ボルト ……………………… 111
難切削ステンレス鋼 ………………… 86
西野図 ………………………………… 123
熱処理 ………………………………… 52
熱伝導性 ………………………… 46, 48
熱伝導率 ……………………………… 47

は

ハニカム材 …………………………… 170
ビス（建築用ビス）………………… 156
表面仕上げ法 ………………………… 76
表面処理ステンレス鋼 ……………… 74
平山のNi当量 ………………………… 137
フェライト系ステンレス鋼 …… 23, 28, 47, 68
深絞り性 ……………………………… 58
フジツボ（海洋生物）……………… 108
腐食疲労 ……………………………… 139
腐食変色 ……………………………… 90
不動態皮膜 …………………………… 10
フレーク ……………………………… 181
プレート熱交換器 …………………… 173
プレス加工性 ………………………… 55
保温材 ………………………………… 128
ボールベアリング …………………… 172

ま

マルテンサイト系ステンレス鋼 … 23, 31, 35, 40, 70
めっきステンレス鋼（表面処理ステンレス鋼）………………………………… 74
もらい錆び …………………………… 91

や

焼付き（かじり）…………………… 48
溶接 …………………………………… 62
溶接欠陥 ……………………………… 62
溶接性 ………………………………… 60
溶接割れ ………………… 64, 66, 68, 70
溶着金属 ………………………… 62, 118

ら

粒界型応力腐食割れ ………………… 130
粒界脆化割れ ………………………… 73
粒界腐食 ……………………………… 114
レーザー加工 ………………………… 183
ランクフォード値 …………………… 56

その他

Cr当量 ………………………………… 96
HE（水素脆化割れ）…………… 130, 132
IGSCC（粒界型応力腐食割れ）…… 130
JIS名称 ……………………………… 19
SCC（応力腐食割れ）……………… 120
2相ステンレス鋼 …………………… 34

本書は，2004年2月に工業調査会より出版された同名書籍を再出版したものです。

事例で探す ステンレス鋼選び

平成23年4月30日　発　行

編　者　　尾　崎　敏　範

発行者　　吉　田　明　彦

発行所　　丸善出版株式会社

〒140-0002　東京都品川区東品川四丁目13番14号
編集：電話(03)6367-6034／FAX(03)6367-6156
営業：電話(03)6367-6038／FAX(03)6367-6158
http://pub.maruzen.co.jp/

© Ozaki Toshinori, 2011

組版・制作　D.M.T／印刷・製本　田中製本印刷株式会社

ISBN 978-4-621-08379-6　C2053　　Printed in Japan

JCOPY 〈(社)出版者著作権管理機構 委託出版物〉
本書の無断複写は著作権法上での例外を除き禁じられています。複写される場合は，そのつど事前に，(社)出版者著作権管理機構（電話 03-3513-6969，FAX 03-3513-6979，e-mail：info@jcopy.or.jp）の許諾を得てください。